27523

TRENTE ANNÉES

D'AGRICULTURE PRATIQUE.

C.

NANTES, IMPRIMERIE MERSON, RUE DU CALVAIRE, 8.

TRENTE ANNÉES

D'AGRICULTURE

PRATIQUE

PAR P. GAULTIER,

Ancien Commerçant et Maire avant 1848.

> La faim regarde quelquefois à la porte
> de l'homme laborieux, mais elle
> n'entre pas.
>
> FRANKLIN.

PRIX : 1 F. 25 C.

PARIS,

Librairie Agricole de la Maison Rustique.

NANTES,

Chez Mme veuve VELOPPÉ, successeur de M. FOREST, et chez les
principaux Libraires de la Bretagne et de la Vendée.

—

1866.

A Monsieur

DE LA FERRIÈRE père,

Ancien directeur des Contributions indirectes et membre de la Légion-d'honneur, mon ancien maître et vénérable ami :

Témoignage de profonde estime et de reconnaissance.

P. GAULTIER.

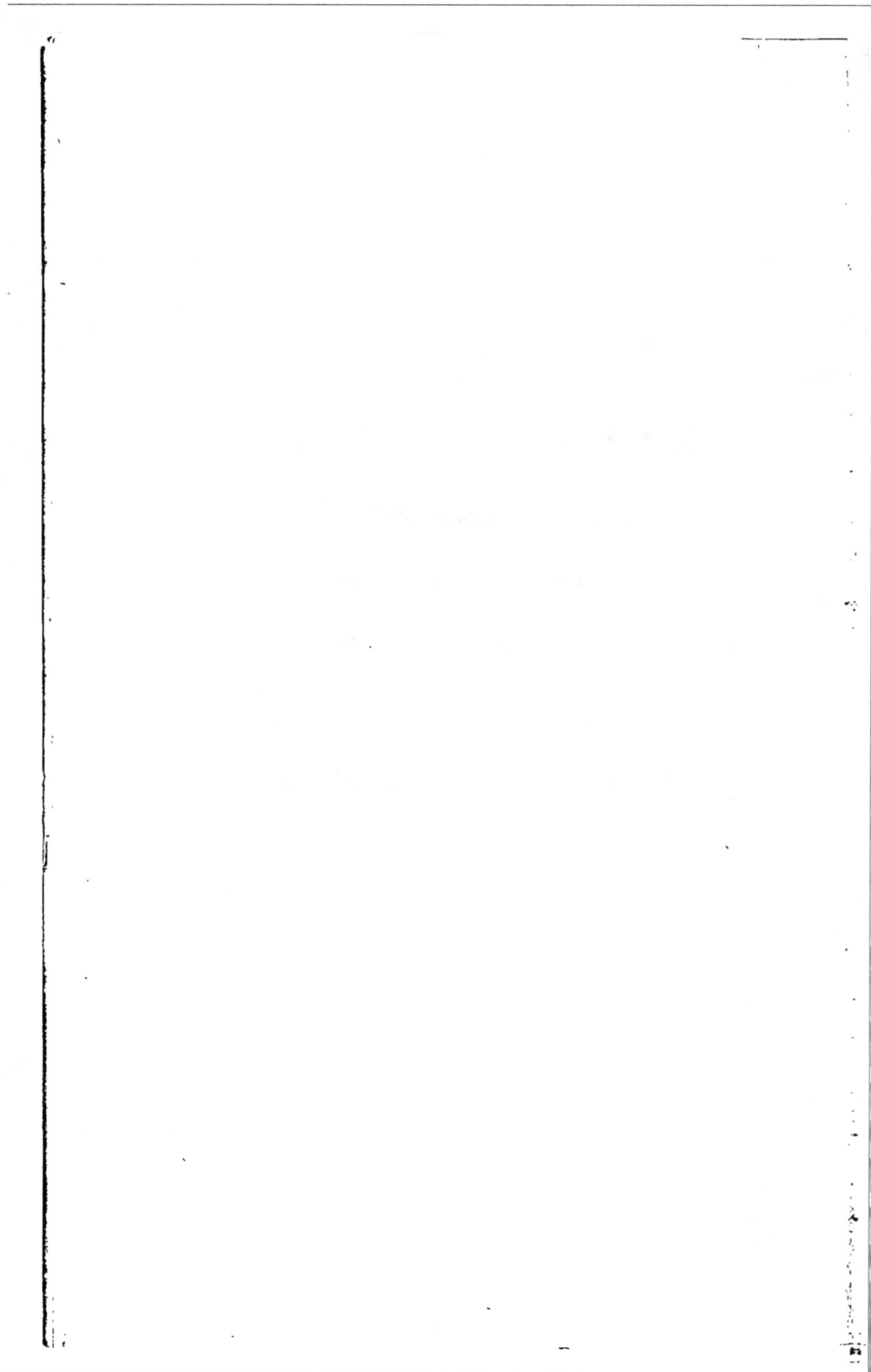

AVERTISSEMENT

—

Depuis longtemps je sentais vivement le besoin d'un résumé agricole purement pratique, basé sur l'agriculture nouvelle et progressive, en rapport avec celle de ces beaux pays du nord de la France pour l'amendement, la richesse des terres, et de la Vendée quant à la nourriture et l'élevage du bétail : deux pays véritablement exceptionnels en France, sous le rapport des produits. Déjà, en 1864, j'avais fait imprimer une petite brochure pour faire connaître furtivement à mes compatriotes les améliorations les plus urgentes. Cette esquisse m'a valu des encouragements bien flatteurs ; c'est pourquoi j'ai dû me remettre à l'œuvre, d'autant plus volontiers que, depuis longtemps aussi, je cherchais l'occasion de ramener le public agricole à l'idée de cette grande et importante question d'un crédit agricole mobilier devenu plus que jamais indispensable.

1.

INTRODUCTION

—

Un bon système d'agriculture doit présenter :

1° Tout ce qui constitue l'économie rurale et domestique ;

2° La production des végétaux et des animaux qui servent à nourrir et vêtir l'homme ;

3° Le moyen de tirer le parti le plus avantageux des capitaux consacrés à l'agriculture.

Dans ce but, le présent manuel portatif contiendra :

1° Le résumé succinct de mon agriculture, pratiquée sur la terre de la Bottinière pendant plus de trente ans ; culture alterne d'abord, aujourd'hui culture intensive, à force fourrage de bétail et de fumier d'étable, sur une terre de cinquième classe devenue première ;

2° L'exposé d'un projet de Crédit Mobilier devenu à l'ordre du jour ;

3º Tout ce que j'ai pu recueillir dans les journaux d'heureuses innovations en fait de progrès agricoles ;

4º Divers articles choisis tirés de la *Maison rustique du XIXe siècle*, notamment la loi sur les vices rédhibitoires et l'hygiène domestique, médecine préventive indispensable à toutes les personnes qui habitent la campagne ;

5º L'usage très-précieux du sel marin, tant pour la salubrité du bétail que pour l'amendement des terres, soit en composts, soit dans les fumiers ;

6º L'emploi immédiat, autant que possible, des fumiers frais sortant des étables, avec tout leur purin ;

7º Labours profonds ;

8º Drainage à frais très-réduits mis à la portée de tous les cultivateurs ;

9º La culture du brôme schrader, nouveau fourrage très-productif ;

10º Les plantations, surtout en clôture ;

11º *Les Secrets du père Benoît, sa richesse.* par M. de Dombasle.

Au surplus, tout ce qui m'a paru le plus intéressant.

Tout cela ayant pour double but de seconder

dans nos campagnes les efforts tant du gouvernement, que de la Société Impériale et Centrale d'Agriculture de France.

Efforts d'écrivains d'élite et consciencieux dans *l'Echo Agricole* et autres bons journaux d'agriculture, tendant à remédier à la situation critique du jour, qui préoccupe à juste titre. Question sérieuse sur l'importance d'arriver promptement à produire nos denrées, grains et viande entre autres, au meilleur marché possible, de manière à pouvoir les exporter avantageusement aux nations voisines, concurremment avec les étrangers.

Tel est enfin le problème à résoudre.

En un mot, rendre l'agriculture véritablement florissante.

On reconnaîtra sans doute, que tout ce que je préconise dans le présent volume, est de la plus haute importance pour la prospérité de notre excellent pays.

AUX AGRICULTEURS

Ire PARTIE

—

Remettons en honneur le soc et la charrue,
Repeuplons les campagnes aux dépens de la rue.
ROZIER.

En dehors de l'agriculture, je veux dire un mot, sans nuire à mon sujet.

Élevé dans un pays peuplé d'heureux agriculteurs que j'ai souvent regrettés pour habiter la ville où j'ai longtemps cherché le bonheur!.... Et ce bonheur si longtemps cherché n'a été pour moi qu'éphémère.

Après deux révolutions, 1815 et 1830, à quinze ans de distance, bouleversement général très-préjudiciable aux cités commerçantes, déjà j'en avais assez de la ville, où tout n'est pas rose plus qu'ailleurs. De là je ne tardai pas beaucoup à redevenir homme des champs. J'embrassai donc avec tant d'ardeur l'agriculture, qu'on m'a souvent taxé d'en être amoureux. En effet, on

n'exerce pas cette profession plus de 30 ans sans
l'aimer, effet de l'illusion ! Pygmalion devint
bien lui-même amoureux de sa statue ! C'était
aussi l'illusion d'une beauté idéale, fabuleuse ;
ici c'était le charme réel de mille beautés cham-
pêtres, la belle nature ; beautés alliées à l'intérêt, mobile de toutes les actions. Si Saint-Lam-
bert, en chantant les quatre saisons, le printemps, l'été, l'automne et l'hiver, eût été
cultivateur, s'il eût réuni l'utile à l'agréable, il
eût intéressé davantage. Cependant son poëme,
enrichi de tant de beautés, charme beaucoup et
ne satisfait pas.

Espérons qu'un jour, peu éloigné peut-être,
il se rencontrera quelque beau talent, enflammé
des mêmes feux, qui entreprendra de réunir les
deux, l'intérêt à l'illusion ; alors là sûrement, à
la campagne comme à la ville, le charme deviendra général. N'en désespérons pas ; car
nous vivons aujourd'hui sous un heureux siècle,
dans un pays d'égalité s'il en fût : tous les avantages sont répartis ou doivent l'être, sans distinction de classes, de personnes.

D'ailleurs les habitants des campagnes, peu
exigeants, tout entiers aux travaux des champs,
appartiennent par leurs instincts à l'élément

conservateur de la société. On aurait trop à faire pour les en détourner ; ils y sont attachés par des liens intimes d'intérêt et d'affection : ils redoutent les perturbations célestes, atmosphériques, et bien plus encore les révolutions politiques, comme le plus grand fléau social, en ce qu'elles entraînent après elles un désordre complet ; inouï, dans toutes les affaires, le commerce, l'industrie, l'agriculture et l'administration, division malveillante jusque dans les familles. Malheur incalculable !...

Sans doute le progrès est immense en ville. La campagne, isolée dans sa modeste situation, se contente de peu ; cependant, par son obéissance, son dévouement et ses travaux incessants, elle mérite également la bienveillance du gouvernement, qui comprend parfaitement qu'elle est son pivot d'attache. Ne sont-ce pas, en effet, les populations rurales qui ont ramené l'idée d'un gouvernement intermédiaire napoléonien, conciliant tous les partis ?...

Seulement, la grande différence entre la ville et la campagne pour arriver à un certain degré de prospérité agricole, c'est le crédit qui lui manque et les bras, on le comprend fort bien. Depuis que l'agriculture s'est rendue de plus en plus industrielle, le crédit devient indispensable. On devrait enfin s'en préoccuper plus sérieusement, civilement, administrativement.

L'agriculture enfin est la base et la pierre fondamentale de toute prospérité nationale ; c'est une grande vérité. En effet, c'est elle qui nourrit la grande nation ; c'est elle qui alimente l'industrie, le commerce, la marine, nos armées, l'administration gouvernementale, et fait prospérer les arts. Elle mérite donc, à tous égards, non-seulement la sollicitude paternelle de Sa Majesté l'Empereur, qui nous donne un si bel exemple, mais encore de ceux qui portent un vif intérêt à son développement.

Il y a plus de trois siècles que le célèbre Sully, ministre du bon Henri, a dit : « Labourage et pâturage sont les deux mamelles de l'État. » Maintenant nous disons labourage et fourrages cultivés ; car ce qui n'était qu'un petit bien à l'époque du système pastoral, est devenu aujourd'hui un trésor, une mine inépuisable de richesse pour le cultivateur qui fait un grand usage de cette multitude de plantes fourragères si précieuses à l'agriculture.

Effectivement, dans plusieurs voyages que j'ai faits dans le nord de la France, en Belgique, même en Angleterre, j'ai vu et étudié ce nouveau système progressif de culture *intensive* et *extensible* qui occupe sans cesse les agronomes du jour; lequel doit sans contredit prévaloir, doubler, tripler les produits de ceux qui auront le bon esprit et le courage de l'adopter franchement.

J'en ai fait l'application sur la terre de la Bottinière : on m'en parle sans cesse. Sans doute j'ai remué, défoncé, nivelé, drainé, fumé, planté et bouleversé, depuis plus de trente ans, toutes les terres de cette propriété ; il le fallait. Je suis même bien aise, à mon tour, d'en dire un mot.

En quittant le commerce, en 1833, pour l'agriculture, la tête farcie de théorie, car il en faut, la théorie d'une main et la charrue de l'autre, toujours mon manuel en poche, je pensais, comme maître Jacques Bujault, qu'il faut des prés fumés pour avoir du blé et de la viande, c'est-à-dire force fourrage, force bétail et force fumier ; car, en général, tel est le grand *hic* de l'agriculture du jour : c'est toujours l'engrais qui manque. Cependant je n'avais ni l'un ni l'autre. Le cas était embarrassant ; mais avant de quitter les affaires qui ont occupé *une partie*

de ma carrière, j'avais arrêté mon plan d'amélioration agricole. Au moyen du noir animal,
déjà bien connu, je m'efforçai de faire des prés
fumés, permanents et artificiels, bien que mes
terres, comme tant d'autres, ne fussent pas
riches ; je le dis pour prouver qu'il n'est rien
d'impossible. Aussi ne tardai-je pas à obtenir
de beaux résultats, à produire fourrages verts,
racines et surtout beaucoup de foin ; au surplus,
lorsqu'on remplit bien toutes les conditions, il
serait vraiment malheureux qu'il en fût autrement. Si la profession qui donne le pain à
37,000,000 d'âmes (il y a un peu moins d'un
siècle, 20,000,000 d'âmes seulement) n'était pas
lucrative, que deviendrait-on ? Enfin, je partis
de là pour donner une grande extension à mon
exploitation, à approvisionner toutes les communes environnantes en foin de prés fumés,
permanents et artificiels, pendant dix ans ; on
se le rappelle. Je suis arrivé promptement à
récolter par année 250 milliers de foin, au lieu
de 50, et à multiplier mon bétail — aujourd'hui
100 pièces de bêtes, au lieu de 27 — sur la propriété. On ne tarda pas à m'imiter, même à me
faire concurrence sur le foin, tant il est vrai
qu'on ne met point la science agricole sous le

boisseau. Content de cette émulation de la part de mes voisins, qui auraient dû continuer, au moyen de beaucoup de fourrages, de bétail et d'engrais, je me trouvai en mesure d'adopter, et j'adoptai franchement, cette culture améliorante et productive que je n'ai cessé de continuer progressivement. D'ailleurs, mes premières années d'expériences exceptionnelles m'avaient largement indemnisé de mes dépenses et encouragé, sans doute; car, il faut le dire, le ciel nous éclaire. Nous avons un bon père et une bonne mère : notre père, c'est Dieu; notre mère, c'est la terre; et quand nous demandons à Dieu notre pain de chaque jour, Dieu nous répond : « Aide-toi, le ciel t'aidera ! » Le faisons-nous ?

Notre mère nous dit aussi : « Donne-moi, je te donnerai ! » Le fait-on toujours ? Non, malheureusement non ! Telle est pourtant la conséquence toute naturelle du sol, du travail, de l'engrais et de l'atmosphère. Oh ! oui, l'atmosphère ! car c'est elle précisément qui, mise en contact avec une abondante fumure, développe cette grande végétation, cette belle nappe de vert. Ici, évidemment, c'est le fumier qui agit le premier; ensuite l'atmosphère, élément pro-

videntiel qui produit à son tour, l'un par l'autre
et jamais l'un sans l'autre, les plus heureux
effets, des merveilles extraordinaires, admirables
de beauté : bonheur anticipé du cultivateur ! Tel
est le phénomène exact d'une belle et luxuriante
végétation ; telle est la vérité, enfin. Heureux
donc le cultivateur qui la comprend bien, cette
vérité : *qui en fait moins et qui fait bien.*

Oui, la terre est une bonne mère qui paie
généreusement, largement, les sacrifices qu'on
fait pour elle : croyez-le bien, mes bons amis ;
car, vous le voyez, je le prouve moi-même, en
fumant toujours copieusement. Non, elle n'est
jamais ingrate, vous le voyez vous-mêmes : c'est
l'homme qui voudrait sans cesse obtenir, sans
presque rien lui rendre. C'est un malheur sans
doute, et ce malheur est d'autant plus grand
qu'il porte préjudice aux cultivateurs eux-
mêmes, à la campagne comme à la ville ; car
enfin il s'agit de produire le plus possible, pour
le bien de l'humanité, pour le commerce et
l'industrie. Faire gagner à ses semblables par le
travail, enrichir le sol par des sacrifices, c'est
encore de l'humanité.

Au surplus, ce système de faire du fourrage
et de bien nourrir réussira toujours, aujourd'hui

mieux que jamais ; car le bétail est cher et porte grand profit, de toute manière.

Effectivement, la terre se repose avec le trèfle-ray-grass et des récoltes dérobées. Je dis trèfle et ray-grass ensemble, parce que le trèfle s'épuise par la graine et le ray-grass subsiste pour le pacage d'automne et des années suivantes : il est aussi plus précoce et moins malfaisant que le trèfle pur, plus précoce de trois semaines ou un mois ; ce qui, évidemment, assure la récolte de graine de trèfle.

Rappelons-le donc sans cesse : le fourrage nourrit le bétail, celui-ci donne le fumier, et le fumier donne le blé à bon marché ; la chose est certaine, le bétail deviendra la richesse du laboureur.

La betterave de Silésie (1), l'une des belles

---

(1) Quand le prix de l'alcool est élevé, je fais marcher ma distillerie et fais manger les pulpes au bétail, et quand les prix sont trop bas, comme aujourd'hui, je fais consommer la betterave en nature. Je fais de la viande, du beurre et des élèves. La fabrication de l'alcool n'a donc pas été pour moi un but unique, mais le moyen urgent de produire

découvertes, qui, aujourd'hui, joue un si grand rôle, finira par nous faire consommer le sucre et l'eau-de-vie à très-bon marché. Elle est aussi, avec les choux, les rutabagas et les turneps, la meilleure nourriture d'hiver. La betterave surtout engraisse le bétail dans deux mois et demi à trois mois, et est facile à cultiver.

Il ne faut donc plus aujourd'hui que trois choses tout-à-fait simples : beaucoup de fourrage, de bétail et de fumier ; surtout, savoir l'administrer, ce fumier.

La litière, dites-vous, avec du fourrage, elle ne manquera pas ; on ne fera plus manger la paille.

Les chimistes, cherchant à se rendre bien

assez d'engrais, qui m'a permis d'améliorer fortement mes terres. Le système champenois a ce mérite particulier, comme la sucrerie, de s'installer dans la ferme et d'en devenir un accessoire.

Toutefois, mon extra-fin a été trouvé supérieur à ceux du Nord et m'a valu la médaille d'argent au concours industriel de Nantes, en 1862. Mais ce qui valait 240 fr. l'hectolitre, quand la vigne était malade, n'en vaut plus aujourd'hui que 50.

compte des phénomènes de la création, ne sont pas toujours d'accord avec la pratique ; sur quelques points, la pratique devance la théorie : les chimistes discutent, et les praticiens marchent sans cesse.

Le cultivateur sait qu'il ne vient rien de rien ; il se défie surtout de ceux qui prétendent obtenir de bonnes récoltes sans fumure.

Un bon laboureur sait que ses récoltes deviennent abondantes, prodigieuses, selon qu'il force de graisse ; que lui importe alors les causes chimiques qui produisent ces effets ? Toutefois, M. Liébig a reconnu que le guano du Pérou, le plus riche en azote, sans addition de phosphate de chaux, de soude et de potasse, n'est pas un engrais normal, si ce n'est pour le vert. Je l'ai éprouvé moi-même aux betteraves, qui poussent trop en feuilles, peu en racines, et le froment s'en ressent à la prise en grain. Donc, l'azote ne convient qu'aux terres riches en phosphate de chaux.

De son côté, M. Bobierre, chimiste vérificateur des engrais du département et docteur ès-sciences, rend de très-grands services à l'agriculture, en signalant, par ses rapports à M. le

2.

Préfet, les abus de certains marchands d'engrais, en fait de noir (1).

Je ne veux point déprécier le bon noir, au contraire : il a fait des merveilles, à la Bottinière comme ailleurs ; encore moins les bons marchands, car, avant d'arriver à pouvoir faire assez de fumier d'étable, on aura toujours besoin d'eux.

Bientôt tous les cultivateurs sauront lire ; c'est pourquoi je n'ai pas dédaigné d'entremêler quelques réflexions morales, en tête de divers chapitres.

---

(1) M. Bobierre vient aussi de publier un ouvrage précieux, complexe, qui fera plaisir, sous le rapport de la science chimique et agronomique.

DES PROPRIÉTAIRES

Exploitant eux-mêmes leurs Domaines.

> De tout ce qui peut être utile à l'humanité,
> rien n'est plus que l'agriculture excel-
> lent, productif et digne d'un homme
> véritablement libre.
>
> OLIVIER DE SERRES.

Il est à remarquer que, depuis que l'attention publique s'est dirigée si ardemment vers les opérations agricoles, plusieurs grands proprié-taires ont entrepris la culture de leurs domaines, avec l'intention de faire d'utiles expériences et de répandre les connaissances agricoles dans leur voisinage et dans toutes les classes. Ils peuvent avoir cinq objets en vue : 1º la conve-nance ; 2º le plaisir de la culture et de la chasse; 3º le profit; 4º d'utiles expériences pour eux-mêmes ; 5º l'amélioration immense de leurs pro-priétés, à laquelle les petits cultivateurs ne pour-ront atteindre de longtemps. Il est fort utile, en effet, et digne d'exemple, à un propriétaire qui réside à la campagne, de cultiver lui-même des terres. C'est une occupation très-favorable à la santé, mais encore il y trouve l'avantage de s'approvisionner de tout ce qui est utile à sa maison. Rien ne peut être plus louable, d'ailleurs, que de telles occupations.

L'esprit d'amélioration ainsi excité doit être, au plus haut degré, satisfaisant pour eux-mêmes et utile au public, surtout dans les contrées les moins avancées : la Bretagne, la Sologne et le Limousin.

L'exemple peut seul dissiper l'ignorance et écarter les préjugés, dans les pratiques rurales.

Mais jadis quelques-uns, avec de fausses notions, ont été entraînés dans des pertes réelles. Oui, il est bien connu que de riches propriétaires, après s'être livrés pendant quelques années à la profession d'agriculteur, l'ont abandonnée fort tristement. Pourquoi? Parce qu'elle était encore dans l'enfance. Mais aujourd'hui ce n'est plus cela ; grand nombre d'agriculteurs d'élite nous ont éclairés de leurs lumières. De là s'est opéré un grand progrès, devenu à l'ordre du jour.

Aussi, avec la paix et la tranquillité, je présage qu'un jour venant, tout riche, tout travailleur industriel, négociant et autres dévoués au progrès général, à l'agriculture entre autres, voudra avoir sa ferme et s'en faire honneur, comme les Anglais, un pied à la ville, un pied à la campagne (1) ; beau délassement, d'ailleurs, de la ville et du cabinet. Alors, là on verra de beaux exemples, des terres en très-bonnes mains devenir puissamment riches, en valeurs et en productions ; car déjà, dans quelques coins de la France, nous le voyons faire.

Nous citerons en première ligne Mme la princesse Bacciocchi, à Korn-er-Houët (Morbihan), exploitation dont on fait le plus grand éloge, formée sur 600 hectares de lande sous bruyères. En outre, nous avons M. Cail, gros capitaliste, gros millionnaire exceptionnel en industrie, qui veut le devenir en agriculture et réussira ; car il veut dépenser aux Briches (Indre-et-Loire) quinze cent mille francs également sur 600 hectares de

---

(1) On sait qu'en Angleterre, le dimanche, tous les citadins quittent la ville pour la campagne ; car tous les magasins sont fermés et toutes les églises ouvertes, mais fermées la semaine ; on ne trouverait pas en ville, le dimanche, où prendre un verre de vin ni acheter un cigare, conformément à la loi sur la religion réformée.

terres marécageuses. Avec un tel capital, on fait tout ce qu'on veut ; tout gît dans des améliorations de cette nature : défoncements, nivellements, terrassements, drainages, labours profonds, grosses fumures, etc., etc., car nous sommes loin du progrès obtenu dans le nord de la France; depuis un demi-siècle, avec le colza et la betterave, leurs terres sont devenues de 6 à 8,000 fr. l'hectare. M. Cail, je l'ai vu fonctionner sur son terrain, connaît cela. Il cultive la betterave, le colza, les céréales et autres, sur une grande échelle. En suivant cette voie, il peut faire des Briches, en moins de dix ans, une propriété princière de plusieurs millions. La betterave et le bétail, chez lui, sont un prodige. Ses betteraves, de 10 à 11 kilog., sont à faire par la culture intensive, comme chez M. de Gasparin, 200,000 kilog. et plus à l'hectare. (Voir *l'Echo agricole* du 13 mai 1866.) Du bétail, combien ? c'est lui qui peut le dire ; mais on parle de 7 à 800 bœufs nourris à la crèche. Aussi ses étables sont immenses : on dirait les écuries d'un beau dépôt de cavalerie.

Tel a été son but, tel est le résultat ; vrai tour de force agricole à grand frais : *semer pour récolter* à gros profit plus tard ; agriculture indus-

trielle enfin, à sa façon, car il a une distillerie
grandiose. Je le dis en vieux praticien, M. Cail,
homme d'action, réussira sans doute, et croira
n'avoir pas assez fait pour le progrès général
tant qu'il restera à faire. Honneur donc à Mme la
princesse Bacciocchi et à M. Cail pour savoir
tirer un si bon parti des capitaux, bon augure
pour l'avenir de l'agriculture !

LA CAMPAGNE

ET LE

CRÉDIT AGRICOLE MOBILIER

QUESTION DE HAUTE IMPORTANCE.

> On augmente son crédit quand on l'emploie pour la justice, l'intérêt public et l'amitié.
>
> VOLTAIRE.

Tout ce qu'on a fait jusqu'à ce jour pour le crédit agricole, n'a pas plus fait qu'un grain de sable au fond de l'Océan. Les annuités sont restées complétement illusoires à l'égard de l'agriculture. En effet, ce n'était point ce qui convient aux cultivateurs ; aussi personne à la campagne n'a voulu en faire usage. Cependant, dans la situation critique où elle se trouve aujourd'hui, évidemment il faut de l'argent ou du crédit aux agriculteurs, comme il en faut aux commerçants et aux industriels.

On demande qui le donnera, l'argent. On répond : Ceux qui en ont à dormir, qui thésaurisent par habitude, en attendant l'occasion d'acheter quelques coins de terre à des prix fabuleux, vu la concurrence, faute d'en trouver placement sur billets ; car les cultivateurs éclairés ne veulent plus donner d'hypothèques sur leurs biens pour quelques centaines de francs, système ruineux, à cause des frais d'actes notariés. Il vaut mieux emprunter à courte échéance, comme le commerçant. Déjà on le fait beaucoup sur billets (Crédit mobilier), et on s'en trouve bien ; c'est donc l'usage qui en manque. On n'est pas pressé de payer, dit-on : vieille habitude encore, car on paie bien pourtant ; dans le cas contraire, on renouvelle comme les commerçants, en attendant l'occasion de vendre les denrées ; ce qui arrange créditeurs et débiteurs, lorsqu'il y a solvabilité. Aujourd'hui, en ville, le commerce marche largement sur le crédit moral sans hypothèques, sinon des ouvertures de crédit au droit fixe d'un franc, d'après la loi de 1832 ; tandis que le cultivateur, avec son crédit moral mobilier et foncier, reste en arrière. Pourquoi ? On ne comprend pas cela. Il y a quarante-quatre ans, avant la Banque de Nantes (1822), au commerce l'argent était également très-rare, 12 % ; presque immédiatement il tomba à 3 %, effet du crédit et de la confiance. Sans doute, il en serait ainsi du crédit agricole une fois organisé.

Depuis 20 ans, on sollicitait ce crédit sans

l'obtenir; le Gouvernement a trop à faire. Aussi, M. Thoinnet de la Turmélière a dit en 1864 : « *Le vent qui souffle ne pousse pas les capitaux* » *vers l'agriculture ; c'est une calamité.* »

Aujourd'hui, c'est différent ; l'Empereur lui-même a pris l'initiative de cette haute et importante question. Il est sûr que l'agriculture va s'en trouver favorisée sous ce rapport; il l'a promis.

M. le comte de Beaumont, sénateur, que nous avons eu le malheur de perdre, chaud partisan du crédit agricole, l'a annoncé par son beau discours à la séance du 10 février dernier.

Maintenant, aidons-nous, efforçons-nous, de notre côté, de répondre à la bienveillante sollicitude de Sa Majesté ; car il est bien certain qu'il ne manque que le crédit pour changer en bien cette gêne, ce malaise, aujourd'hui surtout, de nos bons campagnards. En conséquence, occupons-nous nous-mêmes d'autres moyens à notre disposition.

Depuis 30 ans, les marchands d'engrais sont devenus en quelque sorte les banquiers naturels des agriculteurs, pour lesquels ils accordent un long terme sur la vente des engrais. Ils se trouvent donc en comptes courants tant pour cette vente que pour les achats de céréales ; ils ont contracté l'habitude de régler tous les ans et de se faire donner des billets pour solde de compte, ce qui est rationnel. Eh bien ! n'est-ce pas déjà un commencement de règlement en papier ? Ne peuvent-ils pas accorder un crédit plus étendu à ceux qu'ils connaissent bien, soit pour acheter aussi du bétail ? Ne peuvent-ils pas aussi escompter leurs billets et trouver de l'argent à volonté s'ils en manquent ?

La Banque est là ; et puis, les cultivateurs, après avoir vendu leurs denrées ou leurs bœufs, la plupart ont de l'argent dont ils ne savent que faire. Ils seront bien aises de trouver à le placer sur billets pendant cinq à six mois, garantis par de bonnes signatures et produisant un intérêt plus élevé que la rente de la terre. Ils trouveront ce papier soit chez les marchands d'engrais ou chez tout autre commerçant. Il s'agit donc tout d'abord d'en amener l'habitude, qui deviendra générale quand on en comprendra bien toute l'importance. Les 8/10es sont solvables à la campagne ; on ne court aucune mauvaise chance : il n'en est pas ainsi du commerce.

D'ailleurs, les valeurs produisant intérêt, on peut les escompter à volonté la veille d'une foire où le jour même.

Cette innovation, dont j'ai bon augure, ne se fera plus attendre. On s'en occupe sérieusement. Toutes les fois qu'il ne s'agira que de créances de quelques centaines de francs, dont le mobilier est la première garantie, que craint-on ? Quant aux grosses sommes à long terme, l'hypothèque est là, ainsi que les ouvertures de crédit dont nous avons parlé. En un mot, la campagne, comme la ville, a tous les moyens de faire sortir de l'obscurité les écus ombrageux qui ne voient point le soleil et ne profitent à personne.

Aussi M. Édouard Lecouteux a dit dans l'*Écho agricole* : « Plus de rivalité, plus d'antagonisme entre nos villes et nos campagnes; mais solidarité complète entre elles, c'est-à-dire moins de citadins oisifs. Avec cette solidarité et un crédit limité, quelques centaines de francs sur le mobilier, selon l'importance, soyons certains que l'agriculture deviendra sympathique à tous les hommes de cœur ; et ceux-là sont nombreux qui veulent la paix, pour faire plus énergiquement la guerre à toutes les causes de misère. »

Dans le même journal, M. Léonce de la Vergne, de l'Institut, après avoir démontré l'insuffisance de 53 succursales à la Banque de France, en

voudrait non-seulement une par département,
mais 373, autant que d'arrondissement. Alors
là, naturellement, comme en Écosse, où les
banques ont fait fortune, nous en aurions bientôt
une par arrondissement ou chef-lieu de canton ;
il va sans dire alors qu'elles seraient de même
alimentées en partie en comptes courants avec
intérêts par les épargnes de ceux qui thésaurisent. Ces messieurs et tant d'autres, également
hommes d'élite, sont du même avis.

Oui, l'Écosse, pays jadis le plus pauvre du
monde, a acquis, depuis l'organisation de ses
banques, une aisance et une richesse qu'on
n'aurait pu ni calculer ni prévoir. On se demande
qui aurait pu fournir dans une si petite agglomération les quatre milliards indispensables pour
soutenir ses immenses établissements de banque
sans le crédit, puissance illimitée et sans bornes.

C'est donc le dévouement de la nation écos-
saise qui a considérablement favorisé le développement du crédit ; par conséquent, la grande
prospérité de l'Écosse protégée par le gouvernement anglais. Qui empêcherait d'en faire
autant ? Efforçons-nous seulement : aidons-nous,
on nous aidera ; demandons sûrement, nous
obtiendrons. Il ne s'agit que du début.

En outre de cela, le gouvernement anglais, lors de la création de ces caisses d'épargnes, laissa aux banques de province la latitude de disposer des fonds qui en résultaient. Ces caisses enfin fournissent aujourd'hui des capitaux immenses aux banques d'Écosse et d'Irlande ; de telle sorte qu'elles sont devenues le complément des banques, et les banques le complément des caisses d'épargne. Chez nous, ce qui presse donc le plus en agriculture, c'est également le crédit.

Ensuite, dans nos petites villes de province, par imitation aux caisses d'épargnes départementales, la classe ouvrière ne serait-elle pas bien aise aussi de trouver à placer ses épargnes à 4 ou 5 %? Tout cela est un bien social qui lie la société par un intérêt réciproque ; le crédit enfin formerait une excellente politique au profit de l'agriculture, du commerce, de l'industrie et de la stabilité publique.

De mon côté, il y a longtemps que je désirais trouver une nouvelle occasion de revenir à cette question du crédit agricole que j'avais traitée à fond il y a plus de vingt ans, brochure approuvée par le Conseil général et l'Association bretonne (1), et chaleureusement recommandée au

---

(1) Voir les comptes-rendus.

ministre par M. le préfet Chaper, projet de crédit qui n'a manqué son effet d'exécution que par l'application du système Royer, concernant les annuités *avec 6 millions ou plus de mise dehors*, système qui a prévalu pourtant et n'a rien produit à l'égard des cultivateurs. Cette occasion s'est enfin présentée de nouveau ; je me suis remis à l'œuvre, afin de présenter à l'administration et au public une plus grande publicité sous le rapport de la question du crédit de l'agriculture, sous ses rapports les plus rationnels, les plus intéressants. On en jugera.

FUMIERS FRAIS

SORTANT DES ÉTABLES.

On peut, à la première vue, juger de l'industrie et du degré d'intelligence d'un
cultivateur par les soins qu'il donne à
son tas de fumier.
                        BOUSSINGAULT.
                        (*Économie rurale.*)

Nous avons dit que le bétail est le nerf de
l'agriculture ; nous répéterons encore que le
fumier d'étable est l'engrais par excellence.

Or, tout ce qui a trait à sa composition devrait
fixer l'attention la plus sérieuse de tous les cultivateurs ; il n'en est rien cependant, sauf quelques
rares exceptions.

L'administration des fumiers est, dans notre
pays, dans l'état le plus déplorable. D'abord, un
abus préjudiciable existe dans leur emplacement,
dans la plupart des fermes.

A mesure qu'on les sort des étables, ils sont
exposés l'hiver, lavés et dépouillés de toutes
leurs parties solubles, et l'été exposés à l'ardeur
dévorante du soleil ; grattés par les volailles,
piétinés par le bétail, au point qu'il ne reste
plus des fumiers ainsi abandonnés à toutes les

intempéries de l'air, de la pluie et des animaux,
que des terreaux dépourvus de la plus grande
partie des gaz, des sels et des sucs si nécessaires
à la végétation.

Pour faire cesser un pareil état de choses, il
faudra sans doute bien des années et bien des
exhortations ; car rien n'est plus difficile à détruire que les vieilles habitudes de nos bons
campagnards.

Que leur coûterait-il cependant d'abriter leurs
fumiers, de les bien couvrir de terre, d'avoir
des rigoles autour et une fosse vers la partie
basse pour recevoir les purins, afin de pouvoir
les arroser souvent, et, l'excédant, le conduire
sur leurs prés, car c'est la partie la plus riche
des fumiers qu'on laisse perdre : si quelques-uns
le font, tous devraient le faire.

Aussi juge-t-on, en effet, le vrai cultivateur
à l'aspect de son tas de fumier et de son étable ;
toutefois, le meilleur dans tout cela, c'est de
conduire aux champs et d'enterrer le fumier
frais sortant des étables autant que possible ;
l'employer, par exemple, aux récoltes printanières comme aux récoltes d'été et d'automne.
Ceux encore qui font leur fumier dans le champ
devraient établir une forte couche de gazon ou

3.

de terreau pour en recevoir le purin, comme dans la cour. Cette terre serait la meilleure graisse pour répondre au froment ; autrement, l'emplacement des fumiers, trop riche en azote, ne produit que de la paille. D'autres les déposent par petits tas dans le champ et les laissent séjourner huit à quinze jours et plus exposés au grand air, sans songer que les gaz se volatilisent et qu'on gagne beaucoup en les enterrant immédiatement.

Mathieu de Dombasle, dans sa ferme de Roville, estimait retirer une valeur de 5 à 600 fr. de purin provenant de ses fumiers, et qui eussent été perdus ; il eût été mieux encore s'il eût enterré ses fumiers frais.

D'ailleurs, le cultivateur qui a continuellement son tas de fumier sous les yeux, pourrait bien lui donner à propos tous les soins qu'il exige, afin de lui conserver tous ses principes fertilisants : il ne songe pas sans doute que le petit filet de purin qui s'échappe de son fumier coule pendant tout le temps qu'il reste en place.

Le fumier de ferme, enfin, lorsqu'il est bien administré, est le meilleur de tous les engrais ; mais il ne faudrait pas qu'il restât plus d'un mois ou six semaines entassé, seulement le temps nécessaire pour la fermentation. Il contient, comme nous l'avons dit, *phosphate de chaux; azote, soude* et *potasse;* en un mot, tous les ingrédients qui constituent le meilleur de tous les engrais, à tel point que, si l'on voulait un engrais artificiel équivalant au fumier d'étable, on serait obligé de former un composé de toutes les substances dont nous venons de parler : c'est-à-dire *noir animal, guano, sel* et *cendres lessivées ;* ce qui prouve une fois de plus qu'on se trouve souvent en erreur sur la valeur réelle des engrais.

Enfin, M. de Gasparin a dit que nous ne devons compter que sur les engrais de ferme pour maintenir nos terres constamment productives.

D'après MM. Fechenuz de Hossen Prutz et divers autres chimistes et agronomes, il résulte que lorsque le fumier est appliqué frais, les plantes trouvent dans ses parties molles et aqueuses une nourriture toute prête et suffisante pour le moment, pendant que les parties plus résistantes se décomposent plus lentement, préparent ainsi la nourriture pour la période suivante de la végétation des mêmes plantes du printemps, et de la nourriture encore pour les plantes qui pourraient succéder aux premières. Lors donc que l'on veut influer sur une suite de récoltes, il faut employer non le fumier consommé, dont l'action est éphémère, mais le fumier long et frais, qui a en outre cet autre avantage de réchauffer le sol, de le désacidifier, de réveiller et de mettre en action la force des résidus des engrais précédents qui ont résisté à la décomposition.

Une expérience de plus de sept années a, dit M. Pictet, convaincu de cette vérité qu'on gagne beaucoup à employer les fumiers aussitôt sortis des étables ; d'ailleurs, les principaux cultivateurs anglais et écossais, consultés sur ce sujet dans l'espace de dix années par M. Knobelsdorf, ont été unanimes.

Il est décidé par la théorie comme par la pratique, ont-ils dit, que le fumier appliqué avant toute fermentation, à mesure qu'il se forme par le mélange des excréments avec la litière, engraisse mieux le sol destiné aux plantes, racines et aux céréales, par son application immédiate.

Ainsi, on doit l'appliquer en février et en mars, pour fumer les orges, les avoines ; en avril, pour fumer les pommes de terre et les betteraves semées en place ou en pépinières ; en mai et en juin, pour . fumer les betteraves transplantées après récolte de colza, vesce, trèfle incarnat et seigle ; en juillet, pour fumer les semis de colza, pour fumer betteraves, choux et rutabagas transplantés ; en août et septembre, pour semer les récoltes dérobées ; et en automne, pour fumer les céréales lorsque cela est nécessaire.

Aussi le maréchal Bugeaud, grand partisan des fumiers frais, leur trouve-t-il un avantage bien important, celui de l'emploi du temps pour la reproduction et des conquêtes incessantes à faire sur l'*atmosphère* ; mine inépuisable dont l'agriculture doit tirer ses principes de progrès. Voici ce qu'il dit à cet égard : « Le fumier perd en six mois de putréfaction la moitié de ses facultés fertilisantes et la moitié de son poids, quelques soins qu'on prenne pour sa conservation. »

Employé immédiatement à créer une végétation progressive, il pourra être multiplié par lui-même ; dans six mois, les plantes qu'il aura produites rendront au cultivateur plus de principes fertilisants qu'ils n'en auront pris à l'engrais, puisqu'elles se nourrissent également dans l'*atmosphère*, elles lui rendront ensuite, si ce sont des plantes fourragères ou des cines, du croît ou du travail.

Exemple : Un cultivateur suivant l'ancienne méthode a, au mois de mars, 100 charretées de fumier qu'il réserve précieusement pour les semailles d'automne, son voisin en a aussi 100 charretées ; mais, suivant la nouvelle méthode, il les applique à un champ de betteraves : au mois de septembre suivant, il dispose d'une grande quantité de feuilles pour nourrir son bétail, au mois d'octobre, une belle récolte de racines appliquée aussi à la nourriture de son bétail l'hiver, qui achèvera de produire autant de fumier qu'on en a employé à leur production ; et cependant le champ restera suffisamment fumé au froment.

Le voisin, au contraire, n'a encore rien retiré de son fumier ; il démolit son tas pour fumer une surface égale à celle du champ de l'autre cultivateur, et ne trouve plus que 50 charretées de fumier au lieu de 100, avec lesquelles il n'obtiendra pas une plus belle récolte que celle du champ où l'on a extrait les betteraves.

Il est inutile de pousser plus loin la comparaison : il est évident que l'agriculteur routinier aura réduit son fumier de moitié, tandis que l'agriculteur progressif a multiplié le sien en double de quantité et en qualité, ce qui établit entre eux un quadruple. Le dernier aura en outre une bien plus grande quantité de bétail, et aura conquis sur l'atmosphère des améliorations progressives de son sol.

Le fumier frais peut et doit donc, d'après toutes ces autorités, être conduit des étables aux champs ; mais il faut qu'il soit enterré par plusieurs labours, si l'on veut qu'il produise tout son effet. J'ai vu dans l'arrondissement de Valenciennes des étables creusées à plus d'un mètre de profondeur et recrépies de chaux hydraulique, où les bêtes sont renfermées. On enlève le fumier imprégné de purin, et le reste, on le répand sur les terres ensemencées et sur les prés ; rien de perdu.

Il est vraiment heureux que des hommes de science, chimistes et agronomes dévoués à l'agriculture, viennent nous enseigner cette culture moderne et intensive de nature, je n'en doute point, à faire révolution, à opérer, avec le crédit qui viendra, une ère nouvelle en faveur du progrès agricole. Profitons-en, il ne faut que le vouloir : l'énergie, le courage et la persévérance sont l'apanage de l'homme ; la douceur et la grâce, celui de la femme.

ENGRAIS DIVERS.

C'est sur les engrais de ferme, composés
de végétaux et de déjections animales,
que nous devons surtout compter pour
produire et maintenir les terres en état
de produire.
                              DE GASPARIN.

Le bétail, a dit Thaërs, est le type de l'agriculture progressive ; c'est incontestable, car le
véritable but c'est l'engrais. On se ruine avec les
mauvaises graisses, et on s'enrichit avec le bétail
et le bon fumier d'étable.

Oui, le bétail est une excellente machine à
fumier et à blé, et le beau blé est la récolte
d'or. Ce sera véritablement le progrès agricole
intronisé en France lorsqu'on sera parvenu à
produire le blé à bon marché, c'est-à-dire concurremment avec les étrangers, à cause du libre
échange.

Or, l'amélioration est toute dans l'abondance
du bétail, et surtout dans sa nourriture à l'étable,
à cause du fumier.

Par exemple, un hectare de trèfle bien fumé
nourrira deux pièces de bêtes, même trois, selon
la force ; ces bêtes donneront un beau bénéfice,

soit par l'engraissement, soit par l'accroissement, la graine de trèfle, le lait, le beurre et l'engrais; après ces deux années de repos, il produira double récolte en grain et en paille. Ainsi donc, avec un peu d'avance ou du crédit de la part du laboureur, il aura du fourrage et du bétail, sinon fera des élèves; car véritablement le bétail doit être le pivot de l'agriculture du jour. Malheureusement, c'est ce qui manque à notre pays, c'est par là qu'il pêche; cependant c'est avec le fourrage, le bétail et les fumiers d'étable que se constitueront l'aisance, la prospérité et le bien-être des laboureurs; je dirai plus, la richesse. En conséquence, aux labours d'été, partout où l'on ne sèmera pas de blé-noir, on plantera betteraves, pommes de terre, choux et turneps, pour consommer l'hiver à l'étable.

De plus, sur l'écot de froment ou avoine, on sèmera, sur de bons labours : colza, seigle, vesce (jarosse), navets, petits pois et féveroles en récoltes dérobées, pour consommer en vert au printemps; tout cela avec bonne demi-fumure, sauf le colza avec fumure complète si on récolte en graine.

Enfin, au lieu de 13 à 14 charretées de fumier épuisé à l'hectare, pour récolter 10 à 12 hectolitres de froment, on doublera : 28 à 30 en bon fumier frais sortant des étables avec tout son purin, pour récolter 24 à 25 hectolitres; quelquefois plus ; autrement, une bonne charretée de 1,000 kilos de fumier frais donne un hectolitre de froment environ. Maintenant, qu'on juge de la différence.

Je ne prêche point le paradoxe : je dis ce que je fais ; je fais ce que dis, et ce qui est enseigné par des agriculteurs des plus distingués, tels que MM. Lecouteux, Léonce de la Vergne, Bodin et tant d'autres agronomes distingués, écrivains consciencieux dans l'*Écho Agricole*, l'*Agriculture Pratique* et autres journaux.

La chaux, comme amendement, est très-bonne ; comme fumure, non : au contraire, plus on en met, plus aussi on doit mettre de fumier. La chaux, très-excitante, use promptement la terre; c'est pourquoi on dit qu'elle enrichit les pères et ruine les enfants. Seulement 20 hectolitres tous les deux ou trois ans suffisent comme amendement par hectare, avec force fumier. Je le dis, parce que beaucoup s'y méprennent.

CULTIVATEURS ! Depuis le défrichement des landes, vous êtes limités; on ne peut plus vous

dire, comme il y a 40 ans ou comme en Algérie :
Voilà des terres qui n'attendent que vous, *allez,
emblavez* ; mais si vous amendez vos terres, si
vous parvenez à doubler ou tripler vos revenus
à force de fumier, vous aurez aussi triplé la
valeur de vos terres. Alors, ne vous inquiétez
plus, vos enfants, un jour, seront plus riches
que vous; car il y a plus de profit à faire de
beaux produits, à améliorer son domaine, qu'à
l'agrandir, à cause de la plus-value.

Qui dirait que dans le département du Nord
on est parvenu, par de grosses fumures et de
gros produits, à faire des terres de 6 à 8,000 fr.
l'hectare ? Voilà où l'on pourrait également arriver un jour, non avec le blé-noir, qui ne sup-
porte pas l'engrais ; mais avec betteraves, colza,
pommes de terre et autres racines qu'on fume
à profusion, à gros profit. Qu'importe, en effet,
de mettre pour 150 à 160 fr. d'engrais divers à
l'hectare, pour obtenir 6 à 700 fr. de produits.
Je le fais, et plus que cela, avec colza, betteraves
et pommes de terre, et le froment s'en ressent
beaucoup, et j'amende mes terres, qui sont déjà
quintuplées pour la plupart depuis 30 ans; car
j'en suis pour l'amendement des terres : c'est
le plus beau côté, en effet, du propriétaire fonc-
tionnant sur son terrain.

Enfin, vu le peu d'aisance généralement reconnu en Bretagne dans la classe des laboureurs, disons donc une fois de plus que le système du jour le plus avantageux pour les uns
comme pour les autres, c'est sans contredit le
colonage partiaire, les fermages à moitié fruit,
lesquels amèneront évidemment les propriétaires
riches, intelligents et intéressés au progrès, à
participer dans la moitié du bétail, des engrais,
des semences, et comme banquiers bailleurs de
fonds, afin de subvenir dans toute dépense indispensable pour la réussite commune ; car, s'il
faut des bras, il faut aussi des capitaux.

C'est par ce seul moyen, faute de mieux, et
par ces associations bien entendues qu'on pourra
obtenir des produits et des améliorations qu'il
a été impossible sans crédit de réaliser jusqu'à
ce jour.

Or, le progrès le plus notable et le plus opportun gît par conséquent dans le concours respectif
entre les propriétaires et les métayers, lorsqu'on
parviendra surtout à bien nourrir une pièce de
gros bétail à l'hectare ; c'est la règle. Je prêche
fort ce système, parce que j'en ai presque toujours nourri *une et demie*. Ainsi donc, les cultivateurs qui, ne pouvant réunir 250 à 300 fr. en

capital par hectare, ne peuvent se mettre fermiers, le métayage leur convient évidemment.

VENDÉENS.

Les fermiers vendéens nous donnent un bel exemple; tout près de nous, nous les voyons s'enrichir toujours avec leur bétail.

Ce sont eux qui nous fournissent, à l'âge de deux ans, pour 4 à 500 fr. le couple de ce que nous possédons de beaux bœufs de travail. Nous les nourrissons au foin quatre à cinq ans; après ils nous les reprennent, pour 7 à 800 fr., très-disposés à l'engraissement, et les gardent seulement deux ou trois mois, nourris à la crèche, aux choux, navets et betteraves (les élèves consomment les déchets), et finissent par en faire des bœufs de 1,000 à 1,200 fr. Que leur ont-ils coûté? Très-peu de foin, mais des choux et des racines. Nous, au contraire, nous nous estimons heureux de rogner 200 à 300 fr. en quatre ou cinq ans, pendant qu'eux en retirent 888 à 900 fr. en moins de trois ans.

Si nous comptions seulement à 40 fr. les 1,000 kil. de foin qu'ils ont mangés chez nous pendant ces quatre ou cinq ans, où en serionsnous? En 1864, il a encore valu 120 fr. Mais nous ne connaissons que le foin des prés naturels, qui ne fait ni viande, ni beurre, ni fumier; est-ce que nous ne devrions pas les imiter? Il y a trente à quarante ans que le fermier vendéen, qui n'engraissait encore que deux bœufs, en engraisse aujourd'hui six à huit.

Qui dirait enfin que, dans une agglomération de trente kilomètres, arrondissement de Cholet, il est engraissé par année et expédié aux boucheries de Paris 47,000 bœufs; n'est-ce pas fait pour nous faire ouvrir les yeux? Tous, dans ce pays vendéen, sont portés pour les fourrages, les élèves et l'engraissement du bétail; en effet, nous le voyons, c'est bien le plus beau côté de l'agriculture du jour.

Nous, pour arriver là, la grande difficulté, c'est le manque d'aisance; toujours, quand nos fermiers prennent ferme de 25 hectares avec 1,000 à 1,200 fr., les Vendéens ne le font jamais à moins de 7 à 8,000 fr. Voilà la différence.

De mon côté, en vieux praticien toujours dévoué au progrès, après avoir rendu jadis quelques services au commerce de Nantes, dans la partie me concernant, j'en rendrai tant que je pourrai à l'agriculture, dont je crois avoir touché les principales branches, assez du moins pour

donner à nos campagnards l'idée de mieux faire.
Qu'on dise encore, en fait d'agriculture, que
c'est prêcher dans le désert? C'est possible, à
l'égard de ceux-là seulement auxquels le travail
est antipathique, et non en ce qui concerne
les bons travailleurs dévoués au progrès.

D'ailleurs, Beaumarchais a dit : « Calomniez,
calomniez, il en restera toujours quelque chose.»
Eh bien ! s'il reste quelque chose de ce que
j'écris, c'est tout ce que je demande.

—

QUANTITÉS D'ENGRAIS DIVERS

A employer par hectare pour obtenir
une bonne fumure.

Fumier d'étable	de 25 à 30 char-relées de 2000 kil. chacune.
Noir animal pur, sans mélange.	6 à 8 hectol.
Cendres.	25 à 30 —
Chaux, comme amendement .	20 à 30 — tous les trois ans, indépendamment du fumier.
Plâtre.	3 à 4 hectol.
Guano	2 à 300 kilog.

POIDS DE DIVERS PRODUITS

Pour un hectolitre.

Froments.	75 à 80 kilogr.
Seigle.	70 à 72 —
Orge.	60 à 70 —
Avoine.	40 à 60 —
Sarrasin.	60 à 70 —
Colza.	65 à 66 —
Pommes de terre. . . .	65 à 66 —
Chènevis	50 à 55 —
Lin	65 à 66 —

TABLEAU

DE LA DURÉE DES GRAINES

Et de l'époque de leur germination.

NOMS DES PLANTES.	VIE.	Germination.	DURÉE de leurs SEMENCES	
		Jours.	Ans.	
FÈVE,	annuelle,	3	3 à 6	
HARICOT,	idem.	3	2	4
POIS,	idem,	3	2	5
LENTILLE,	idem,	3	3	4
POMME DE TERRE,	idem,	10	»	»
TOPINAMBOUR,	vivace,	15	»	»
CAROTTE,	bisannuelle,	5	2	3
NAVET,	idem,	3	2	3
SALSIFIS,	idem,	8	1	2
SCORSONÈRE,	vivace,	12	1	3
CHERVIS,	idem,	»	3	4
BETTERAVE,	bisannuelle,	6	3	4
PANAIS,	idem,	8	2	3
RAVE et RADIS,	annuelle,	3	5	10
RAIFORT,	bisannuelle,	6	5	6
CHOU,	idem,	10	6	10

4.

NOMS DES PLANTES.	VIE.	Germination.	DURÉE de leurs SEMENCES	
		Jours.	Ans.	
CÉLERI,	bisannuelle,	10	2	4
ÉPINARD,	annuelle,	5	3	5
CARDON,	bisannuelle,	10	7	10
OIGNON,	annuelle,	6	2	3
AIL,	vivace,	»	»	»
ÉCHALOTTE,	idem,	»	»	»
CIBOULE,	idem,	»	»	»
PORREAU,	bisannuelle,	6	3	4
ASPERGE,	vivace,	15	6	10
ARTICHAUD,	idem,	10	3	5
MELON,	annuelle,	5	6	15
CONCOMBRE,	idem,	6	5	8
CITROUILLE,	idem,	6	4	6
MELONGINE,	idem,	8	4	5
MACHE,	idem,	10	6	7
AJONC,	idem,	15	»	10
RAIPONCE,	vivace,	10	4	6
CRESSON D'EAU,	idem,	»	»	»
CRESSON ALÉNOIS	annuelle,	5	4	5
POURPIER,	idem,	9	8	10
LAITUE,	idem,	4	2	5
CHICON,	idem,	4	2	5

NOMS DES PLANTES.	VIE.	Germination.	DURÉE de leurs SEMENCES	
		Jours.	Ans.	
CHICORÉE,	annuelle,	»	6	10
OSEILLE,	vivace,	8	3	4
ARROCHE,	annuelle,	8	2	4
BETTE,	bisannuelle,	6	8	10
PERSIL,	trisannuelle,	45	3	5
CERFEUIL,	annuelle,	5	1	2
ACHE,	vivace,	10	3	5
BOURRACHE,	annuelle,	8	2	3
ESTRAGON,	vivace,	»	3	4
PIMPRENELLE,	idem,	10	3	4
FENOUIL,	bisannuelle,	4	3	5
SARRIETTE,	annuelle,	8	4	5
ANGÉLIQUE,	bisannuelle,	15	1	2
CORIANDRE,	annuelle,	10	2	3
CAPUCINE,	idem,	12	3	6
SÉNEVÉ,	idem,	3	2	3
CORNE-DE-CERF,	idem,	8	2	3
PIMENT,	idem,	8	6	8
TOMATE,	idem,	8	2	3
BASILIC,	idem,	5	2	5
ABSINTHE,	vivace,	8	1	3
THYM,	idem,	»	»	»

NOMS DES PLANTES.	VIE.	Germination.	DURÉE de leurs SEMENCES	
		Jours.	Ans.	
LAVANDE,	vivace,	»	»	»
ROMARIN,	idem,	»	»	»
RUE,	idem,	25	3	6
HYSOPE,	idem,	30	4	6
GROSEILLIER,	idem,	30	7	10
FRAMBOISIER,	idem,	30	7	10
FRAISIER,	idem,	10	1	3

ASSOLEMENT.

Une des choses les plus importantes et les
plus négligées en agriculture, c'est un
bon système d'assolements.

CHAPTAL.

La question des assolements alternes, envi-
sagée sous les rapports théorique et pratique,
renferme tout le secret de la science agricole,
attendu que les assolements sont le principal
moteur d'une bonne culture, d'une culture productive ; car le bon laboureur combine ses assolements de manière à retirer le plus possible de
son champ, de sa culture et de ses engrais. En
définitive, le meilleur produit doit être toujours
le but de l'agriculteur ; tout doit se faire avec
réflexion ; toutes chances, même les plus mini-
mes, doivent être calculées à l'avance : c'est
pour cela que, dans les assolements, doit entrer
la connaissance des terres, de manière à former
une rotation de culture appliquée à leur nature
de produits, c'est-à-dire leur donner l'ensemencé
qui convient.

Les laboureurs savent cela par rapport aux
céréales ; mais ce qu'ils ne savent pas assez,

c'est de faire produire à la terre une récolte et
même deux par année, soit céréales, soit fourrages, hors le cas où les terres se trouvent par
trop infestées de plantes parasites, et encore s'en
dispense-t-on, la plupart du temps, au moyen
d'une production de pommes de terre, de choux,
de betteraves ou autres racines qu'on appelle, à
juste titre, plantes sarclées, à cause des labours
qu'elles nécessitent.

Dans cette hypothèse, la jachère ne devient
donc indispensable que dans des cas fort rares.
Ils ne savent pas cela, et ce qu'ils font trop, c'est
de laisser une grande partie de leurs terres en
friche ou sur jachère morte l'été; voilà le mal.
Afin d'y apporter remède, il importe d'adopter
une série d'assolements qui soit simple, facile,
peu dispendieuse, lucrative, et qui soit un peu
en rapport avec l'ancien mode; car on ne se
dissimulera pas que si on voulait tout d'un coup
adopter, dans tout son ensemble, le système
alterne avec la manière de graisser et les nouveaux instruments, la distance est trop grande
entre la culture biennale et la culture alterne
proprement dite.

C'est une culture toute nouvelle pour celui qui
ne l'a jamais pratiquée, un apprentissage tout

nouveau ou plutôt des essais hasardeux qu'il faut précisément éviter comme très-préjudiciables et décourageants ; éviter d'adopter en grand, avant d'avoir fait des essais préalables, dans la crainte de tomber dans des déceptions fâcheuses, souvent ruineuses.

Effectivement, toutes les fois qu'on entreprend quelque chose qu'on ne connaît pas assez, on court toujours de mauvaises chances ; voilà pourquoi les fermes-modèles sur une grande échelle ne sont imitées que par un très-petit nombre de propriétaires bourgeois aisés (il n'y a que ceux-ci qui pourraient être d'utiles intermédiaires, parce qu'ils ne regardent guère à la dépense), et pourquoi elles ne le sont pas du tout par les petits propriétaires ou fermiers, soit faute de moyens pécuniaires, soit faute de méthode plus à leur convenance ; ils ont raison. Pour changer un système qu'on connaît, qu'on suit de père en fils, qu'on a même perfectionné et dont on connaît les résultats, il faudrait de toute nécessité en avoir un autre sous les yeux, même un autre qui donnât peu de peine pour commencer, analogue en quelque sorte au premier par la nature des cultures, et dont les résultats ne fussent pas équivoques ; c'est là précisément le cas où se trouve la majeure partie des cultivateurs du pays.

MON PREMIER ASSOLEMENT DE 4 ANS, EN 1833,

Qui doit convenir.

1re ANNÉE. Betteraves, pommes de terre ou autres racines copiéusement fumées.

2e ANNÉE. Froment ou avoine, trèfle et ray-grass d'Angleterre au printemps suivant.

3e ANNÉE. Trèfle et ray-grass.

4e ANNÉE. Trèfle et ray-grass encore ou plus longtemps, si cela convient aux cultivateurs du jour.

ASSOLEMENT DE 4 ANS ENCORE.

1re ANNÉE. Comme ci-dessus.

2e ANNÉE. Froment.

3e ANNÉE. Jarosse, colza, féveroles ou petits pois immédiatement après le froment.

4e ANNÉE. Rutabagas, navets, raves, turneps d'été, etc., etc.

ASSOLEMENT AGRONOMIQUE

DE M. BODIN.

DIVISION ou sole.	1866.	1867.	1868.	1869.
No 1.	Plantes sarclées fumées.	Céréales.	Céréales.	Trèfle.
No 2.	Céréales.	Trèfle.	Plantes sarclées.	Céréales.
No 3.	Trèfle.	Céréales.	Céréales.	Plantes sarclées.
No 4.	Céréales.	Plantes sarclées.	Trèfle.	Céréales.

Cet assolement est très-rationnel. Toutefois on aura de la peine à le faire adopter par nos cultivateurs. Il faudrait semer 18 à 20 kilog. de graine de trèfle à l'hectare; à peine en sème-t-on 8 à 10. C'est pourquoi je conseille le trèfle avec ray-grass, fourrage pour plusieurs années.

LE SOL.

Le partage du sol, des fortunes et des
terres amènerait une communauté de
misères et de malheureux.
CHARLEMAGNE.

Ce qui prouve que depuis dix siècles on
rêve la loi agraire : Utopie, plan, d'un
gouvernement imaginaire.

On a remarqué avec justesse qu'on ne peut
presque pas payer un loyer trop élevé de bons
sols, et qu'un sol pauvre ne peut devenir profitable, même avec une rente basse ; car le travail
est à peu près le même pour la culture d'un bon
ou d'un mauvais sol : mais le dernier exige plus
d'engrais, et par conséquent plus de dépenses
pour sa culture ; néanmoins il faut s'y con-
former. Cependant des sols pauvres peuvent
être placés de manière qu'on puisse disposer
pour eux d'une grande quantité d'amendements
durables, comme de la chaux, de la marne, à
force engrais d'étable encore mieux ; alors sa
culture peut être profitable.

C'est une excellente maxime en agriculture de
tenir le sol toujours en bon état, et on ne doit
pas permettre qu'il se détériore d'aucune manière.

Il y a différents moyens d'améliorer le sol. Les sols arides qui contiennent du ferrugineux peuvent être améliorés par l'application de la chaux, de la marne calcaire ou de la craie, attendu que le sulfate de fer se convertit en amendement par ce procédé.

Les engrais de ferme suppléent toujours aux défauts de matières végétales ou minérales. On trouve même, dans beaucoup de cas, au sous-sol ou à peu de distance, les matériaux nécessaires pour l'amélioration du sol. Le travail et la dépense nécessaires pour améliorer la texture du sol sont amplement payés par les avantages permanents qui en résultent. Le sol exige ensuite moins d'engrais ; les récoltes qu'on y cultive sont plus indépendantes des vicissitudes des saisons. Le capital qu'on a dépensé ainsi assure la fertilité future, et, par conséquent, la valeur du terrain.

LE SOUS-SOL.

La valeur d'un sol dépend beaucoup de la nature du sous-sol, ou de la couche qui se trouve immédiatement au-dessous de la terre cultivée. Ses propriétés méritent une attention sous plusieurs rapports : par l'examen du sous-sol, on peut obtenir des connaissances relativement au sol lui-même; car les substances que contiennent ce dernier sont souvent semblables à celles qui entrent dans la composition du premier, quoique dans le sol cultivé ces substances soient nécessairement modifiées par les diverses matières qui s'y trouvent mélangées dans le cours de la culture.

Là, on peut tirer partie du sous-sol pour l'amélioration du sol, lorsqu'il est d'une nature différente à pouvoir corriger les défauts du premier. Les dépenses qu'entraîne la culture du sol ainsi que les chances défavorables que courent les récoltes, sont souvent augmentées d'une manière considérable par les labours profonds du sous-sol, auquel on peut remédier dans beaucoup de cas. Les maladies qui attaquent les racines des plantes sont dues généralement à la nature d'un sous-sol de mauvaise qualité, ou qui retient l'eau.

Les sous-sols sont propres à retenir l'eau, ou perméables.

Les sols qui retiennent l'eau consistent en argile, en marne ou couches de pierres de diverses espèces qu'il faut remuer.

Un sous-sol argileux et qui retient l'eau est en général très-nuisible ; car le sol de la surface reste noyé, se laboure avec difficulté, et est ordinairement en mauvais état pour favoriser la végétation, jusqu'à ce que l'humidité froide de l'hiver soit évaporée. L'eau étant retenue dans le sol, les progrès de la végétation sont interrompus ; les engrais produisent très-peu d'effet, et par conséquent les plantes font peu de progrès.

Un sous-sol imperméable enfin, au moyen de labours profonds, du mélange du sous-sol avec le sol autant que possible, a l'avantage d'absorber l'humidité surabondante, et permet aux racines fibreuses des plantes de s'étendre à une grande profondeur, pour chercher leur nourriture.

Au-dessous de l'argile et de toutes les variétés, un sous-sol perméable est avantageux et favorable à toutes les opérations de l'agriculture. En conséquence : labour profond, mélange des terres, toujours.

Au surplus, voici ce que dit M. Bodin, directeur de la Ferme agricole de Rennes, à ce sujet :

« Les défoncements augmentent la couche végétale, débarrassent le sol de l'humidité surabondante l'hiver, tout en lui maintenant plus longtemps la fraîcheur pendant l'été. »

Je dirai donc que les défoncements et les écoulements d'eau à ciel ouvert ou au sous-sol sont des drainages faits à profit. D'ailleurs, les mélanges du sol avec le sous-sol, qui ne sont jamais de même nature, sont un amendement rationnel.

DRAINAGE.

On emploie l'eau de différentes manières pour
l'amélioration des terres : par le procédé qu'on
peut appeler spécialement drainage à ciel ouvert, lorsqu'on ne fait qu'imbiber l'eau à la surface du sol ; par submersion, lorsqu'on couvre
complétement la terre d'eau pendant une certaine
période de temps, pour les prairies ; enfin, drainage au sous-sol, lorsque l'eau ne peut agir
comme amendement.

Dans cette circonstance, nous opérons à peu
de frais. Voici comment : avec des fascines de
châtaignier ou d'aubépine de 20 à 30 centimètres
de grosseur, établies par couches successives à
deux pieds et demi à trois pieds de profondeur,
la cime en dessus, afin de soutenir la couche de
terre. Ces fascines conviennent mieux que tout
autre chose, parce qu'elles conservent des in-
terstices pour donner passage à l'eau, surtout
l'aubépine. Nous nous en trouvons fort bien.
Le drainage superficiel sert aux prairies comme

celles au sous-sol , pour favoriser la végétation des récoltes, surtout dans les saisons humides.

Ainsi donc, voilà des opérations de la plus
haute importance sous le rapport de l'assainis-
sement des terres, qui ne pouvaient s'opérer sans
tuyaux d'un prix trop élevé, devenues de la plus
grande simplicité. Dix hommes enfin peuvent
drainer un hectare de terre dans un jour ou
deux. D'après ce système, on peut donc obtenir
de grandes améliorations à bien peu de frais.

DES USAGES DU SEL

EN AGRICULTURE

En Angleterre, en Allemagne, en Suisse et en Amérique.

Il est d'autant plus nécessaire de traiter ce sujet à fond, qu'il n'y a aucune substance qui puisse être rendue utile à l'agriculture sous tant de rapports différents que le sel.

1° Il opère comme amendement sur les terres arables ; 2° il peut être utile pour exciter la fertilité des terres incultes ; 3° il présente un remède efficace contre la carie ; 4° mêlé avec les semences, il les préserve des attaques des insectes ; 5° il favorise la végétation des graines huileuses ; 6° il augmente le produit des pâturages et des prairies ; 7° il améliore la qualité du foin ; 8° il rend les fourrages grossiers plus nourrissants, et les aliments humides moins nuisibles aux bêtes à cornes et aux chevaux ; 9° il préserve les bestiaux des maladies, et contribue à leur santé ; 10° il prévient la rouille du froment.

5.

DU SEL EMPLOYÉ COMME AMENDEMENT SUR LES TERRES ARABLES.

Le sel, employé dans son état naturel, nuit à la végétation ; mais il opère avantageusement de différentes manières lorsqu'on l'applique avec jugement aux terres arables : en quantité considérable, il tend, de même que les autres stimulants énergiques, à désorganiser et détruire les végétaux avec lesquels il se trouve en contact ; mais en quantité modérée, il favorise la végétation des plantes en les mettant en état de s'approprier une plus grande quantité de nourriture dans un espace de temps donné, et en donnant plus d'activité aux fonctions de la circulation et des sécrétions.

Il a été prouvé que quoique le sel, employé en grande quantité, arrête les progrès de la putréfaction, il la hâte, au contraire, lorsqu'il n'est employé qu'en petite quantité. C'est pour cela qu'il est avantageux de le mêler, en quantité modérée, avec les fumiers d'étable et avec les autres substances végétales.

On assure que le sel employé dans les composts a produit de bien meilleurs effets que la chaux. Il y a cinq à six ans que je l'emploie de cette manière, ainsi que dans les fumiers ; généralement, il doit être mélangé de terre, de terreau, de curures de fossés, ou de tourbe.

C'est dans les provinces méridionales de la France que l'on rencontre la circonstance la plus extraordinaire relativement aux effets du sel sur la végétation. Ce qui prouve que le sel judicieusement employé en composts peut favoriser l'amélioration des terres.

Il serait fort important même de faire des expériences sur la tourbe, en la stratifiant avec des couches de sel : si cela réussissait, comme je le pense, ce procédé contribuerait essentiellement à l'amélioration des terres, même de celles incultes. Il est probable que le sel agirait plus promptement sur la tourbe que sur la bruyère. Le sel favorise la végétation des semences huileuses : cette circonstance a été reconnue en Amérique, dans la culture du lin ; elle a été confirmée par les expériences de M. Lée.

Les chevaux et les bêtes à cornes, surtout les vaches, s'améliorent parfaitement du sel ; les vaches donnent davantage de lait. Il prévient aussi la météorisation, lorsque ces bêtes sont nourries de trèfle vert ou de turneps, dont les feuilles produisent le même effet que le trèfle.

On établit, pour les bêtes à cornes, les proportions suivantes :

Bœufs à l'engrais, vaches
et génisses pleines. . . . 2 onces par jour.
   Bœufs de travail . . . 3   —
   Jeunes bêtes. 1   —
   Cochons 1   —

Par ce moyen, ces bêtes se soutiennent dans le meilleur état de santé, et ne sont presque jamais malades.

Dans quelques parties de l'Amérique, on suit les mêmes porportions, qu'on mêle avec les aliments. Les habitants de ce pays considèrent cet usage comme indispensable.

En Suisse, lorsqu'on a fini de traire une vache, celle-ci se détourne pour demander sa ration, à peu près une cuillerée de sel, dans le creux de la main, qu'elle lèche avec avidité.

Porcs. — Depuis quelque temps, on donne, en Irlande, du sel aux porcs, et on trouve que cette pratique les maintient en bonne santé et en hâte l'engraissement ; ce sel se mêle avec leur boisson.

DE L'EMPLOI DU SEL EN GÉNÉRAL.

L'expérience démontre que cette substance est utile aux animaux, en donnant du ton à leur estomac, lorsqu'il est affaibli par quelques excès, soit d'aliments, soit de travail. Il améliore la qualité du fumier, sur lequel il devient utile d'en répandre; donc, si les animaux n'en mangent pas, il est utile d'en répandre par couches dans les fumiers (1). Cela est si vrai, qu'avant l'impôt sur le sel on en répandait dans les fumiers, pour obtenir de belles récoltes; je me le rappelle fort bien.

Il paraît que le sel en composts est fort utile à la culture des turneps, etc., etc.; l'Angleterre les cultive beaucoup.

Le sel contribue puissamment à entretenir la santé de tous les bestiaux; dans l'engraissement, l'emploi de cette substance est une condition indispensable. Lorsque l'animal commence à prendre de la graisse, son appétit

(1) On trouve ce sel chez les marchands de poissons salés, à 4 francs les 100 kilog. environ.

diminue, et si on ne l'excite pas au moyen du sel, l'animal mange peu, l'engraissement est fort lent et, par conséquent, fort coûteux ; car il est bien certain qu'en supposant qu'on fasse consommer à un animal une quantité donnée de nourriture dans l'espace de deux mois, il sera beaucoup plus gras que si cette quantité avait été consommée dans trois. En étendant plus loin encore l'espace de temps, il n'est pas douteux que cette même quantité de nourriture, distribuée dans l'espace de quatre, cinq ou six mois, n'eût été que strictement suffisante pour entretenir la vie de l'animal, sans aucune augmentation de poids, ou même qu'en la consommant il ne puisse dépérir et, par conséquent, diminuer de valeur. On peut apprécier par là la grande importance du sel dans l'engraissement du bétail, et on peut juger combien il est fâcheux, pour le succès de cette branche si intéressante de l'économie agricole, que le prix de cette denrée soit si élevé.

On peut obtenir l'affranchissement des droits du sel par l'administration, pour les terres seulement, en y mélangeant des matières purulentes.

ESPÈCES DE TERRES.

—

Les chimistes distinguent neuf espèces de terres ou oxydes métalliques ; mais le sol arable n'en offre presque toujours que quatre dont la connaissance intime soit nécessaire à l'agriculteur.

Les quatre espèces de terre généralement répandues sont : la silice, l'alumine, le calcaire et la magnésie.

La manière la plus simple de reconnaître la composition des terres arables est celle-ci :

On mêle une certaine quantité de terre prise dans différentes parties du même champ, et, après l'avoir débarrassée des petites pierres et des racines, on la sèche au soleil ; on en prend ensuite une ou deux livres que l'on met dans un vase de terre, en y versant assez d'eau pour que la masse offre la consistance d'une bouillie liquide. Après l'avoir bien remuée, on la laisse quelque temps en repos : le terreau composant la partie la plus légère viendra à la surface ; on la verse alors avec l'eau dans un autre vase, mais avec précaution. Cela fait, on remue, on agite de nouveau la masse qui forme le résidu : la terre calcaire ou argileuse, composant alors la partie la plus légère, s'élèvera sur la surface dès que le vase sera en repos ; mais, pour bien connaître la quantité de terre graveleuse, il faut que ce repos ne dure pas longtemps.

A cet effet, on verse dans un autre vase la terre calcaire et argileuse avec la même précaution qu'auparavant ; le résidu sera alors la terre graveleuse. Pour séparer la terre calcaire de la terre argileuse, on se sert de l'ammoniaque pure, dont on sature le mélange, et l'alumine se précipite. Ces opérations faites, on sèche le terreau ; on en fait autant à l'égard de la terre argileuse et du sable : on pèse le tout, et ce qui manque aux deux livres est le poids de la terre calcaire.

Voici encore un autre moyen : prenez au sous-sol, à 45 ou 50 centimètres de profondeur, une motte de terre ; faites-la bien sécher, et versez dessus de fort vinaigre ou de l'ammoniaque, et, si la terre fait ébullition aux acides, il est sûr qu'elle contiendra du calcaire ou de la magnésie ; alors aucun risque de labourer profondément.

Nous n'entrerons point dans la classification de toutes les terres ; cela n'est pas important à la plupart des cultivateurs, qui les connaissent, à quelque chose près, par la pratique.

CULTURE DE LA BETTERAVE.

La betterave est une excellente boussole :
avec 45 à 50 mille kilos de racines à
l'hectare, on est assuré de 25 à 30
hectolitres de froment.

P. G.

VARIÉTÉS DE BETTERAVES.

On préfère généralement la betterave blanche
de Silésie et la betterave jaune de Castelnaudary (ou globe jaune).

La première variété est celle qui résiste le
mieux aux grandes gelées ; on la reconnaît
facilement à la blancheur de sa chair et de ses
pétioles, à sa forme arrondie et à sa contexture
pleine de fermeté. Difficile à râper, elle donne
peu de jus, surtout dans les années de sécheresse ; mais son suc abonde en matière saccharine. Elle rend 65 à 70 pour 100 de jus, dont
on extrait 6 à 8 pour 100 de sucre brut, 4 à 6
pour 100 de sucre raffiné, et 4 à 5 pour 100
d'alcool pur à 90 degrés. Sa culture, à cause du
peu de longueur de ses racines, offre de grands
avantages dans les terrains qui manquent de
profondeur.

La betterave jaune de Castelnaudary produit beaucoup et se râpe sans difficulté ; son jus, plus abondant que celui de la betterave blanche de Silésie, rend 4 à 5 pour 100 de sucre brut et 2 1/2 pour 100 de sucre raffiné.

La betterave de bonne qualité est ferme, cassante et crie quand on la coupe. On peut apprécier le degré de richesse de la racine selon que la saveur en est plus ou moins sucrée. D'ordinaire, les petites raves, à poids égal, fournissent plus de sucre que les grosses.

Bien que la couleur ne paraisse pas exercer d'influence sur le nombre des produits, M. Chaptal prétend que le sucre obtenu des betteraves rouges est plus difficile à blanchir.

DE LA NATURE DU TERRAIN QUI CONVIENT A LA BETTERAVE.

Le plus important ne consiste pas dans le choix de l'espèce la plus propre à la fabrication du sucre, mais dans le choix du terrain le plus convenable à la semence.

Les betteraves destinées à l'industrie saccharine acquièrent de grandes qualités dans les terrains un peu calcaires ; cette espèce de sol en rend le sucre plus facile à clarifier.

La betterave, étant une racine pivotante, se plaît dans une terre légère, meuble et profonde. Les prairies nouvellement défrichées peuvent produire deux récoltes de betteraves, surtout quand ces prairies ont déjà porté une récolte de céréales.

Les terrains élevés, si l'année est sèche, n'ont pas un produit considérable. Toutefois, les racines fournissent, eu égard à leur poids, une grande quantité de sucre. Les champs humides, au contraire, donnent beaucoup de racines ; mais ces dernières contiennent peu de matière sucrée. Alors la plante, trop imbibée d'eau, rend l'évaporaison longue et dispendieuse. Pour réussir dans la culture de la betterave, il faut choisir un terrain qui ne soit ni trop sec, ni trop humide.

PRÉPARATION DU SOL.

On croyait autrefois que la culture de la betterave ne pourrait être productive qu'en faisant
partie de la rotation d'un système d'assolement :
on sait aujourd'hui qu'en un terrain favorable,
la betterave peut donner, plusieurs années de
suite, d'excellents produits, sans employer d'autre engrais que ses feuilles laissées sur le sol
après l'arrachage. On peut encore, pour profiter
du nettoiement qui accompagne les binages des
betteraves, adopter l'assolement de quatre années,
selon la proposition de M. de Dombasle : orge ,
trèfle, blé, betteraves.

Les engrais végétaux sont ceux qui conviennent le mieux à la betterave : ainsi que le limon
des étangs et des fossés après avoir passé l'hiver
en tas ; les plantes vertes enterrées avec la charrue; les déchets de la sucrerie, tels que les radi-
cules, les débris du collet, les écumes et les
feuilles de betteraves laissées sur le sol après la
récolte.

Les effets qu'on obtient de la chaux, du plâtre,
des cendres de houille ou de bois sont aussi
très-satisfants.

Quand le sol est épuisé au point de ne pouvoir être restauré par des engrais végétaux, il faut employer du fumier de bêtes à cornes : 35 à 40 mille kilog.; dans le cas contraire, 30 mille.

ENSEMENCEMENT.

Le choix de la graine exige beaucoup de précaution. Pour porte-graine, on préfère les plantes vigoureuses et saines. Il faut les repiquer à deux ou trois pieds de distance les unes des autres, de manière qu'elles soient bien exposées et à l'abri des vents, dont la violence pourrait rompre leurs tiges. La graine est mûre au mois de septembre. Alors on coupe les tiges, et, quand elles sont desséchées, on en détache la graine, soit avec un bâton, soit avec la main. Pour éviter que cette semence ne s'échauffe, on l'étend sur des toiles au grand air, afin que sa dessiccation puisse s'achever. Ensuite, le vannage sépare les débris des tiges avec lesquels cette semence est mêlée. Elle craint l'humidité ; pour la conserver, il faut l'en garantir.

Chaque plant fournit de cinq à six onces de graines; celles des extrémités atteint rarement

sa maturité. L'ensemencement en pépinière s'o-
père dans le septième ou le dixième du terrain
que les plantes doivent plus tard occuper, et
qu'on repique au bout d'un mois ou six semaines. Cette méthode augmente la main-d'œuvre
et trouble la végétation de la plante.

L'ensemencement par rayons s'effectue en tra-
çant avec une herse dont les dents sont à une
distance convenable, des rayons d'un pouce à peu
près de profondeur, dans lesquels des hommes
déposent la graine à des intervalles de 16 pouces
environ. Ensuite, pour niveler le terrain et recouvrir la graine, on promène sur la surface du
champ une herse retournée. Dans cette circonstance, plusieurs se servent de semoir mécanique.

En Angleterre, on dépose le fumier dans un sillon profondément tracé; un second sillon parallèle
recouvre le premier, dans toute la longueur du-
quel on sème les graines de manière qu'elles
soient placées perpendiculairement au fumier,
qui entretient leur fraîcheur et fournit leur
engrais.

Nous en faisons autant avec un tour de rouleau, pour tasser le terrain, lorsqu'il est très-
meuble.

FAÇONS A DONNER AU TERRAIN.

Pour détruire les herbes parasites et ameublir le terrain, il faut que le champ soit sarclé et labouré avec la houe, jusqu'à ce que les betteraves puissent, par leur développement, étouffer les plantes nuisibles à leur végétation.

Le houage demande un temps sec ; le sarclage, au contraire, est plus facile après la pluie, surtout dans les terres compactes.

Quand les betteraves ont été semées à la volée, ces deux opérations se font à la main ou à la pioche. L'ensemencement par rayons permet de les exécuter avec la houe à cheval ; ce dernier moyen est plus expéditif et moins dispendieux, bien que les ouvriers soient obligés de travailler le pied des bettervaes et d'arracher dans les intervalles les mauvaises herbes que l'instrument n'a pas détruites.

C'est à tort qu'on regarde le buttage des betteraves comme préjudiciable. M. Payen, entre autres, a reconnu que la densité du jus et la proportion du sucre sont moindres lorsque la partie supérieure de la betterave, après être restée exposée au soleil, a pris une teinte verte prononcée. Aussi ce savant est-il d'avis qu'en relevant la terre sur les betteraves sorties en partie, on ne s'expose point à perdre les parties qui contiennent le sucre.

EFFEUILLAGE.

Lors du dernier binage des betteraves, il faut enlever les feuilles les plus rapprochées du sol, pour éviter leur altération. Ces feuilles, bien conservées, peuvent fournir un aliment utile aux bestiaux. Mais cette opération ne doit pas être faite trop tôt, car les betteraves, n'étant plus garanties par leurs feuilles contre les rayons du soleil, seraient troublées dans leur végétation ; de plus, les racines ne pourraient élaborer convenablement la matière saccharine.

RÉCOLTE.

Quand les feuilles inférieures deviennent jaunes, se couvrent de taches rouges et s'inclinent vers le sol, c'est une preuve que les racines ont atteint leur maturité. Ceci a lieu à la fin de septembre ou au commencement d'octobre.

C'est à l'époque de la maturité qu'on arrache

les betteraves, ou même quelques jours auparavant, par un beau temps , après quelques
jours de sécheresse ; car le suc des betteraves,
après quelques jours de pluie , est aqueux et
plus difficile à condenser que celui des betteraves récoltées par un temps sec. On doit enlever toutes les feuilles et le sommet des têtes
destinées à la nourriture du bétail. Si cette
consommation des parties émondées était impossible, on les enterrera sur place, afin qu'elles
puissent servir d'engrais au sol.

Le maximum de produit d'un bon terrain est
de 50,000 kilogrammes de racines par hectare ;
le produit moyen, d'environ 25,000 à 30,000 kilogrammes.

CONSERVATION.

Le traitement des betteraves doit avoir lieu
dès qu'elles ont pris tout leur développement,
et même quelques jours plus tôt, afin de prévenir
leur altération spontanée , circonstance qui
diminue de beaucoup la proportion du sucre
que l'on peut en extraire. En tous cas, on est
obligé d'emmagasiner une grande partie de la
récolte. On peut conserver en petits tas, à l'air,

près de la fabrique ou dans le champ même, en petits monts, que l'on charge de huit pouces de terre, toutes les racines qu'on se propose de traiter avant les grandes gelées. On réunit le surplus dans des fossés de trois à six pieds de largeur et de profondeur, sans s'inquiéter de la longueur. On ne doit pas négliger une séparation en terre, à des intervalles de douze pieds. On y dépose les betteraves avec beaucoup de précaution, évitant surtout de les meurtrir. Aussitôt que le fossé est rempli, on jette dessus douze ou dix-huit pouces de terre battue, en forme de voûte. Puis, de six pieds en six pieds, on pose, au milieu du fossé, une fascine ayant à peu près six pouces de diamètre, pour faciliter l'issue de la chaleur, qui résulte ordinairement de quelques meurtrissures et qui ne manquerait pas de gâter toutes les racines.

On couvre le fossé par un bout, et l'on prend aussi chaque jour la quantité de betteraves à consommer.

RELEVÉ

Des Produits d'une Ferme à la Bottinière, d'une contenance de 17 hectares.

1865.		FR.	C.
Janv. 20	Deux porcs, vendus	124	»
Févr. 20	Deux veaux.	75	»
Mars 3	Deux jeunes bœufs	332	»
Mai 14	Un veau.	32	»
Juin 6	6 hect. 1/2 colza , à 28 fr.		»
	l'hectolitre	182	
	Une vache, vendue	99	»
Juillet	Lin pour douze francs . . .	12	»
	Graines de ray-grass. . . .	20	»
	210 demi-kilos beurre, à 0 fr.		
	90 c. l'un.	189	»
	96 hect. froment, à 15 fr. l'un	1,440	»
	50 — avoine, à 7 fr. l'un .	350	»
	11 — Blé noir, à 7 fr. l'un	77	»
	70 kilos graines de trèfle , à		»
	1 fr.	70	»
	2 barriques cidre, à 12 fr. .	24	»
	20 hect. pommes de terre .		
	à 5 fr.	100	»
		3 126	»
	Dépenses. . . .	719	»
	Reste. . .	2,407	»

On remarquera que le froment n'est porté qu'à 15 fr.

RELEVÉ

Des Dépenses d'une Ferme à la Bottinière, d'une contenance de 17 hectares.

1865.		FR.	C.
Sept. 6	2 hect. avoine pour semence, à 7 fr. 50	15	»
	1 hect. jarosse pour semence à 15 fr.	15	»
	13 hect. noir, pour fumer ces produits	177	80
	Graines diverses, seigle, ensemble	69	75
Oct. 14	62 hect. charrée, à 3 fr. 50 l'un	201	50
	9 hect. froment, à 15 fr. . .	135	»
	Avoine et jarosse pour semence.	35	95
	Graines de lin, achats de petits porcs.	48	»
	3 barriques écume de saumure pour engrais.	21	»
		719	»

Les Hollandais disent que tout homme qui ne tient pas de comptes réguliers en agriculture ou autres choses, ne peut faire de bonnes affaires.

CÉRÉALES DIVERSES.

Tout homme avec fierté peut vendre sa sueur,
Comme il nous vend son blé, comme il vend une fleur.

Car un pain bien gagné croque mieux sous la dent ;
Heureux qui mange libre un pain indépendant.
SAINT LAMBERT *(Poëme des Saisons).*

ENSEMENCÉS.

L'ensemencement est un objet de haute importance, puisque de lui dépend la bonne végétation des plantes et l'abondance des récoltes.

Un choix de graines bien nourries et bien mûres, conservées sainement, bien nettoyées de semences étrangères, réparties à temps et à doses suffisantes sur une terre bien préparée, assure généralement, sauf l'influence des météores nuisibles, une belle végétation et une récolte très-productive.

Malheureusement, on n'est pas maître de fixer avec précision l'époque de ces ensemencements, parce que souvent le temps est trop sec ou trop humide. Au surplus, il y a toujours avantage de semer de bonne heure : on est moins pressé par la concurrence des travaux, on choisit mieux ses jours, les plantes ont plus de temps pour se fortifier, s'enraciner, avant qu'il survienne des températures contraires à leur végétation.

Par exemple, les blés semés au commencement d'octobre, ceux que l'on sème dans la deuxième quinzaine d'octobre, comme aux environs de Paris, ont un grand avantage sur les ensemencés plus tardifs : outre que les jours sont longs encore, ce qui produit plus de travail, ils sont généralement beaux, et l'opération s'en fait mieux ; la température est encore chaude, et les semailles lèvent mieux et s'enracinent plus profon_ dément.

Aussi les jeunes plantes sont moins exposées, pendant le cours de l'hiver, à être déplacées ou fatiguées soit par les pluies, soit par les dégels, à la suite de fortes gelées.

Ainsi, il faut semer les seigles en septembre, dans la poussière.

Quant aux céréales printanières, il est avantageux également de les semer de bonne heure, quand le temps est favorable, parce qu'elles ont moins à souffrir du hâle, qui parfois les empêche de lever ou les fait languir, et parce que aussi elles peuvent devenir assez fortes pour couvrir le billon à l'époque des grandes chaleurs.

Dans les contrées exposées aux froids précoces et au long séjour de la neige, on peut semer le seigle même avant la récolte du blé, afin qu'il puisse avoir acquis assez de racines et par conséquent de force au moment où la rigueur de l'hiver survient. On sème de meilleure heure les seigles dans les terres crayeuses, afin qu'ils parviennent à maturité avant que les fortes chaleurs de l'été les frappent et les exposent à périr ou à avorter avant qu'ils aient nourri leur épi.

En fait de céréales de mars, elles doivent être mises en terre dès la fin de février ou le commencement du mois suivant dans les terrains légers, et une quinzaine de jours plus tard dans ceux qui sont compactes et humides.

En général, plus les graines sont petites, moins elles doivent être enterrées : sous 13 millimètres (6 lignes), dans les terres fortes ; de 18 millimètres (9 lignes), dans les terres légères et sablonneuses. Quand on enterre par le moyen des labours, on les recouvre nécessairement de plus de 50 à 80 millimètres (2 à 3 pouces) ; mais il ne faut guère les enterrer plus profondément, surtout pour les terres compactes et lourdes, sous lesquelles il périt par la pourriture une partie des ensemencés.

Il faut beaucoup d'habileté pour jeter la semence convenablement, surtout celle qui est fine et que l'on est alors obligé de mêler avec de la cendre ou du sable. Quoi qu'on en ait dit, il faut employer plus de graines dans les terres maigres que dans les terres grasses, parce que les plantes y viennent moins fortes, s'étendent moins, couvrent moins le sol et le préservent moins du hâle. Dans les bonnes terres, mieux vaut semer un peu clair qu'épais. Chaque espèce de semence donne un résultat différent. Il faut plus d'orge et d'avoine que de froment, et moins de pois que d'avoine.

FROMENT.

> Le progrès sera véritablement intronisé en France lorsqu'on sera parvenu à produire le blé à bon marché.
>
> P. G.

Le froment, récolte d'or, est la plus précieuse de toutes nos graminées, puisqu'elle fait la base principale de la nourriture de l'espèce humaine. C'est en même temps une des plus robustes, puisqu'elle résiste également à la rigueur des hivers et à la grande chaleur des contrées méridionales. Il demande a être fortement sarclé (à la herse à dents de fer, de long en large); car, dans plusieurs circonstances, on a éprouvé des accidents fâcheux provenant de la négligence des cultivateurs. En 1816, année pluvieuse et froide dont on n'a pas oublié les calamités météoriques, la gesse ayant acquis, par la surabondance des pluies, un surcroît de végétation, détériora les farines et causa beaucoup d'accidents.

Cette gesse occasionna de la raideur dans les articulations et surtout une grande faiblesse dans les jambes, circonstance digne de remarque.

Il existe un grand nombre de variétés de froment avec ou sans barbe, et de couleurs différentes, dont les épis mêmes et les grains ont diverses formes.

Les froments tendres sont ceux qui offrent le plus de variétés; ils sont plus propres à supporter la rigueur des hivers. Leur son est fin et leur farine abondante. Les espèces mentionnées ci-dessus sont les plus généralement cultivées en France, surtout dans les départements qui fournissent le plus de blé, et les meilleurs sont dans le nord et le centre de l'Empire. Un des meilleurs à cultiver, c'est le prolifique ; il est très-recherché dans quelques parties du Nord. Les froments durs offrent moins de variétés que les froments tendres. C'est de l'Orient qu'ils sont entrés en France. On ne les connaît guère que dans nos départements méridionaux ; néanmoins, ils réussissent mieux pour les semailles du printemps que pour celles de l'automne.

Le chaulage est indispensable au froment, comme il est également utile à l'orge et à l'avoine.

D'après Arthur Young, les récoltes seraient plus abondantes si on mettait moins de sémence et plus de fumier : *c'est notre avis* ; c'est aussi ce qu'a constaté M. Tessier, grand agriculteur.

Un kilogramme de froment de bonne qualité contient à peu près 20,000 grains. L'épi de blé, terme moyen, donne 40 grains ; le froment *prolifique*, 70 grains, aussi terme moyen. C'est celui que nous cultivons depuis plusieurs années, parfaitement acclimaté depuis 20 ans. Je n'ai guère récolté moins de 18 hectolitres, et souvent de 30 à 32, depuis que je cultive cette dernière espèce : — moyenne, 25.

Disons-le une fois de plus, pour obtenir le blé à bon marché, c'est d'ensemencer moins large de terre et de fumer beaucoup plus.

Dans les bonnes terres, avec 14 ou 15 mille kilog. (15 charretées) de bon fumier, on récolte aisément, on le sait, de 14 à 15 hectolitres de froment à l'hectare ; au prix actuel (16 fr.), déduisant tous les frais en général, il ne donne aucun profit. Mais avec 30 mille kilogr. de fumier on obtient 25 hectolitres, 10 de plus, personne ne le conteste, qui, à 16 francs l'hectolitre, donnent. . . . .   160 fr.

A déduire les 15 mille kilogr. de fumier à 5 francs   75

Reste, sans autres frais, net . .   85 fr.

Plus la paille.

Ici, le blé deviendra rémunérateur. Ensuite, après le blé, la terre restera en parfait état de produire sans fumure, soit trèfle, *trèfle et ray-grass*, soit récoltes dérobées en vesces, petits pois, féveroles et colza (ici, fumure complète). Qu'on fasse des essais comparatifs, et sûrement on arrivera à ce chiffre. Je parle ici dans l'hypo-

thèse de l'absence du blé-noir, qu'on fume peu ;
car aux betteraves, pommes de terre, carottes
ou maïs, on met tout le fumier : le froment et
les récoltes subséquentes s'en trouvent fort bien.

Or, si on ensemence moins large en blé pour
produire davantage, et le surplus, comme nous
le disions, en fourrages d'hiver et colza, celui-ci
très-productif, évidemment, on arrivera à produire non-seulement le blé, mais toute espèce
de denrées à bon marché ; par conséquent, à
pouvoir lutter avantageusement avec le libre-
échange. Voilà ce qu'on demande.

Mon premier système fourrager, dont j'ai
parlé ci-dessus, m'a réussi et réussira à tous les
cultivateurs.

J'y reviens aujourd'hui, à cause du bas prix
du froment ; car 5 à 6 mille kilogr. de foin sec à
l'hectare et de bon pacage pendant huit mois
ne sont point choses à dédaigner, tout en laissant reposer les terres.

Au surplus, c'est un très-grand diminutif de
ce que j'ai vu aux environs de Barnet, village à
trois lieues de Londres : des prés hauts et bas,
fumés à profusion, et des irrigations ingénieu-
sement faites.

On n'y voit ni céréales, ni prés artificiels, ni

légumes ; de l'herbe seulement, de l'herbe où les bêtes sont jusqu'au ventre. On y fauche rarement, et, quand on le fait, on m'a assuré faire de 8 à 10 mille kilogr. de foin. C'est de la viande qu'on demande, et j'estime que les Anglais peuvent faire de leurs prés, ainsi fumés, de 4 à 500 fr. de l'hectare annuellement.

J'ai vu aussi, dans l'arrondissement de Valenciennes, une terre de 100 hectares, affermée 22,000 fr., 20,000 fr. pour le propriétaire et 2,000 fr. aux contributions.

J'ai cité ces faits pour donner l'idée de ce que peut produire un bon pré anglais et des terres arables riches d'amendement. Celles-ci produisent également deux récoltes par an ou trois en deux ans, avec la betterave. Même nature de terre partout : silice, argile, calcaire et magnésie ; c'est donc seulement la graisse, l'amendement qui manque à nos terres.

ORGE.

Cette céréale, qui fut jadis beaucoup plus employée à la nourriture de l'homme qu'elle ne

l'est maintenant, n'en est pas moins un aliment
sain et même agréable, quand on s'en sert après
l'avoir fait monder.

En Hollande, on fait un grand usage de cette
orge ; elle appartient au Midi, tandis que l'avoine
est plus particulièrement du Nord.

Il existe deux divisions principales de l'orge :
1o l'orge à deux rangs ; 2o l'orge à six rangs. La
première est la plus précoce de nos céréales :
elle produit moins de son et donne un meilleur
pain que les autres orges ; la seconde est moitié
plus productive que la première.

Voici encore quelques variétés bonnes à cultiver : orge escourgeon ; sucryon ; orge d'automne ; orge d'hiver ; épis de six rangs, pourvus
de barbes, petit grain, maïs très-productif et
précoce.

On la sème en automne, dès la fin même de
l'été, sur une terre meuble et bien fumée. Coupée en vert, elle sert de fourrage au printemps,
si on la laisse parvenir à sa maturité, qui a lieu
au mois de juin, ce qui est un grand avantage
pour les années de disette. Outre la bière, qui
consomme beaucoup d'orge, l'engraissement des
animaux de toute espèce en emploie une très-
grande quantité ; l'homme lui-même en fait

aussi une certaine consommation, soit en pain, soit en gruau, en potage, en bouillie, qui sont agréables et sains. Donnée en fourrage aux bestiaux, il faut qu'elle soit coupée depuis un jour, et livrée en médiocre quantité aux bêtes à cornes.

AVOINE.

Des nombreuses variétés de l'avoine l'agriculture ne s'occupe que des suivantes :

1° Avoine fromentale. Ses racines sont vivaces, et contribuent beaucoup à la bonté des pâturages de Normandie et de la Hollande. Elle est excellente en prairies artificielles, qui produisent trois coupes annuelles, lorsqu'elle est coupée en vert. Elle est en bon rapport à sa deuxième année de semence.

2° Avoine d'Yorck. Ses racines aussi sont vivaces ; elle est moitié moins haute que la précédente. C'est une des meilleures graminées de nos prés, et, cultivée en prés artificiels, elle y serait d'un bon produit : c'est le brôme des prés.

Outre ces avoines, qui sont cultivées seulement pour fourrage et que la nature produit spontanément, il existe des variétés d'un usage plus général et qui appartiennent plus particulièrement à ce chapitre; ce sont les suivantes :

1º Avoine grise, avoine de Bretagne : elle est d'un gris intense, sur fond clair et même un peu luisant. D'après M. Vilmorin, c'est la seule que l'on puisse semer en automne.

2º Avoine patate de mars, grain noir gros, court et pesant : Morel de Vindé a obtenu 55 pour 1; cela n'est point extraordinaire, mais il faut des terres extraordinairement riches en humus. Elle donne 25 % de plus que toutes les autres en farineux.

3º Avoine brune, la plus grosse des avoines communes.

4º Avoine rouge, avoine d'eau très-productive : de bonne qualité, propre aux voyages maritimes, pendant lesquels elle prend peu d'humidité.

5º Avoine blanche : produisant abondamment, ayant une paille tendre recherchée des animaux.

6º Avoine noire : d'une culture très-avantageuse.

7.

7º Avoine fleurie : ainsi nommée de ce qu'elle est recouverte d'une sorte de fleur.

8º Avoine de Hongrie, soit noire, soit blanche.

9º Avoine de juin, ou avoine de Saint-Jean : la plus productive de toutes et que l'on doit faucher avant sa maturité.

L'avoine, en général, préfère une terre substantielle, forte, fraîche, et même un peu humide. Elle est la meilleure plante à semer sur les terres défrichées dont on a détruit les bois ou prairies artificielles. L'avoine effrite moins la terre que l'orge.

L'avoine est sujette au charbon ; il est nécessaire de la chauler. On la sème en septembre, en février ou mars, selon le climat qu'on habite. Elle craint les hivers rigoureux ; cependant, l'avoine grise réussit très-bien en Bretagne, et c'est de ces avoines d'hiver qu'on tire les meilleurs gruaux.

Il faut un quart de semence de plus pour l'ensemencement d'automne que pour celui de la fin de l'hiver : 30 décalitres par hectare. Afin qu'elle ne soit pas étouffée par les mauvaises herbes, il serait à désirer que l'avoine fût sarclée au moins une fois ; toutefois, il ne faut pas négliger d'échardonner

L'avoine grise de Bretagne est toujours la meilleure.

SARRASIN.

On le cultive pour deux objets importants : 1° pour obtenir son grain ; 2° pour l'employer comme engrais en l'enfouissant pendant sa fleuraison.

Le sarrazin, semé au commencement de juin, est mûr en septembre ; il occupe le terrain pendant trois mois environ. Quand il réussit, il rend beaucoup ; mais il est très-précaire. Il est un excellent assolement pour le froment ; il nourrit bien et engraisse beaucoup.

Quoiqu'il soit très-difficile de déterminer la quantité de semence, d'après M. Vilmorin, il faut 5 décalitres pour récolter en graine et un hectolitre pour enfouir. Coupé vert, il fournit un bon fourrage ; mais sa paille sèche ne sert guère aux bestiaux, si ce n'est en litière, tandis que, brûlée très-verte, elle donne abondamment une potasse précieuse pour la composition du verre.

Il est prouvé que 30 à 40 hectolitres de semence de cette potasse peuvent très-bien fumer un hectare. Cet engrais est très-précieux, surtout pour les contrées où les fumiers sont rares et fort chers.

Ensuite, 6 à 8 hectolitres de noir pur comportant de 60 à 65 0/0 de phosphate de chaux par hectare.

MOISSON.

Je viens de leur richesse avertir les humains,
Des plaisirs faits pour eux leur tracer la peinture;
Leur apprendre à connaître, à sentir la nature.

SAINT LAMBERT.

Aussitôt la maturité du froment, on moissonne; vaut mieux deux ou trois jours à l'avance que trop tard : c'est là où les moissonneuses comme les batteuses mécaniques ont leur mérite ; on ne craint plus, comme en 1816 et 1852, de perdre les récoltes. Toutefois, il faut que la maturité soit complète pour celui que l'on réserve pour semence. Les moissonneuses et les batteuses offrent plusieurs avantages : les premières, de couper le froment plus ras lorsque le terrain est droit ; les autres, de battre le froment plus net, et de rendre la paille plus fourragère en lui donnant plus de qualité pour les animaux.

Le grain battu et nettoyé, ses déchets, tels que menue paille et les derrières du tarare, sont mélangés et mis en tas, et bien couverts, pour faire manger aux bestiaux l'hiver, avec des pailles hachées autant que possible, un peu fermentées avec de l'eau bouillante, en y joignant quelques mauvais grains ou grenailles, le marc des pressoirs, des tourteaux, etc., etc. C'est ce qu'on nomme soupe ou branées ; le bétail s'en trouve fort bien, avec quelques poignées de sel dans la chaudière.

MAÏS.

CULTURE TRÈS-IMPORTANTE.

La cigale a donné le signal des travaux d'été.

Parmi les variétés du maïs, on distingue les suivantes :

1° Maïs jaune : c'est le plus généralement cultivé et le plus robuste.

2° Maïs quarantain : c'est, de tous ces grains, celui qui parcourt en moins de temps les périodes de sa végétation, qui sont de cinquante à soixante jours au plus.

3° Maïs à poulet : c'est la plus petite et la plus précoce variété de cette plante. Son grain est petit, on l'emploie principalement à la nourriture des volailles.

En général, on peut étendre la culture du maïs partout où l'on cultive la vigne.

Le moment de semer le maïs est arrivé quand on n'a plus à craindre les gelées, c'est-à-dire en avril et en mai.

La meilleure graine à semer est celle de la dernière récolte, et surtout celle qui n'a été égrappée que depuis peu de temps ; celle du bas et du milieu de la grappe est la mieux nourrie. Elle lèvera mieux, si on l'a pendant deux ou trois jours fait macérer dans un lait de chaux affaibli, pour accélérer sa végétation et la préserver du charbon, et encore comme pour les pois et les fèves avec des plantes amères (*suie*).

CAROTTES.

La racine de cette plante étant susceptible d'acquérir beaucoup de développement, il lui faut un sol meuble et profond. Par conséquent, le terrain qui doit être ensemencé de carottes devrait recevoir deux labours : l'un, au commencement de l'hiver ; l'autre, à la fin, avant de procéder à l'ensemencement à demeure, qui se fait à la fin de février ou au commencement de mars ; plutôt en rayon qu'à la volée, afin qu'il soit plus facile de la biner et de la sarcler. On recouvre la graine à la herse et on la roule, pour affermir le sol quand il est trop léger.

Il est peu de plantes qui offrent autant de ressource que cette précieuse racine, pour la nourriture des hommes et même des animaux, qu'elle engraisse mieux que les pommes de terre, surtout lorsqu'elle est cuite. Cependant on peut la donner crue avec un grand avantage, aux vaches, dont elle rend le lait très-abondant en beurre ; aux cochons, aux bœufs d'engrais, aux truies qui allaitent, et même aux chevaux, auxquels il suffit de distribuer peu d'avoine. Elle est bien préférable, comme aliment sain et fortifiant, aux navets, aux choux et même aux pommes de terre.

Pendant qu'elle végète, il faut bien se garder d'en couper les feuilles, qui empêcherait ce développement de sa racine, objet principal de cette importante culture, qu'on n'a pas assez étendue.

Lors de l'arrachage, on coupe les feuilles, que l'on donne aux bestiaux et qui s'en nourrissent très-bien.

La carotte, qui pourtant produit beaucoup, épuise peu le sol ; on peut avec succès l'intercaler entre deux cultures de céréales, et lui faire précéder l'établissement d'une prairie artificielle.

Il est reconnu que la consommation par les bestiaux d'une récolte de carottes fournit deux fois autant d'engrais qu'il en faut pour engraisser l'étendue de terrain qui les a produites. C'est un grand avantage, sans doute, qu'elles ont sur les récoltes de grain, qui d'ailleurs épuisent le sol plus qu'elles.

C'est surtout aux environs des villes que la culture en grand de cette précieuse racine est avantageuse, puisqu'elle peut donner à l'hectare plus de 50,000 kilos de substances nutritives.

NAVETS, CHOUX-NAVETS

ET RUTABAGAS.

Les navets, les choux-navets et les rutabagas réussissent, en général, mieux que les betteraves dans les terres nouvellement défrichées. Ils ne redoutent pas les principes acides qui se rencontrent souvent dans ces sortes de terres, et donnent quelquefois des produits aussi abondants que dans les terres de meilleure qualité, tels que la betterave.

Les navets se sèment en place : on en tire un bon parti en les semant en juin ou en juillet ; les plus grosses racines sont consommées en automne et en hiver. Au printemps, ce qui reste en terre donne encore un bon fourrage.

Lorsqu'on sème les navets comme récolte dérobée, c'est-à-dire après une céréale, sur la terre destinée à porter l'année suivante des pommes de terre, des betteraves ou du sarrasin, il arrive souvent qu'ils fournissent peu de grosses racines ; mais on obtient toujours un fourrage abondant pour le printemps. On sème environ 5 à 6 kilogrammes de graine par hectare, que l'on recouvre très-légèrement.

Les rutabagas et les choux-navets exigent les mêmes soins et à peu près la même préparation que les betteraves semées en pépinières et transplantées ensuite ; seulement les semis sont beaucoup moins assurés que ceux de betteraves. Les pucerons ou puces de terre en sont très-friands, et les détruisent souvent. Il faut donc, pour être assuré d'avoir du plant, semer en différents endroits et à plusieurs fois, en commençant de bonne heure.

Les rutabagas doivent être transplantés et non
semés sur place, parce que, les jeunes plants
étant très-délicats dans leur jeunesse, il vaut
mieux les élever sur un terrain riche, bien
préparé, et que l'on puisse biner et sarcler facilement.

La transplantation peut être plus tardive que
celle de la betterave ; mais elle veut être faite
par un temps un peu humide, car les rutabagas
et les choux-navets reprennent assez difficilement par la sécheresse.

On peut mettre un peu moins d'écartement
entre les lignes que pour les betteraves. Les
petits ados dont nous avons parlé pour ces dernières plantes conviennent bien à la culture des
rutabagas. On sarcle et on bine comme nous
l'avons indiqué pour les autres racines.

Les feuilles de rutabagas et de choux-navets
sont plus nutritives que celles des betteraves, et
les vaches n'ont pas autant de diarrhées lorsqu'elles en mangent que lorsqu'elles sont nourries avec les feuilles de ces dernières plantes.

Les rutabagas et les choux-navets sont très-
peu sensibles à la gelée ; mais ils sont d'une
conservation assez difficile en silos.

POIS ET HARICOTS.

Les principales variétés des pois dont la culture se fait en plein champ, sont :

1° Le pois des champs, ou pois gris proprement dit, dont la forme est aplatie et les fleurs violettes.

2° Le pois commun à fleur blanche, plus gros que le précédent, plus fréquemment employé en sec.

3° Le pois michaud ou quarantain, très-hâtif ; son grain est blanc, rond et assez gros. Excellent à manger, exigeant un bon terrain.

4° Le pois suisse, hâtif et robuste plus que le précédent ; ses cosses sont grandes, son grain est rond et jaunâtre.

5° Le pois normand, gros et délicat, très-productif ; son grain est vert et un peu carré.

En général, les pois ne réussissent guère dans les terres compactes, qu'il faut plutôt réserver pour les fèves, à moins que le terrain ne soit lui-même très-substantiel. On doit, au surplus, employer des curures de fossé ou des engrais consommés.

Les pois de la dernière récolte sont toujours

les meilleurs à semer, surtout lorsqu'ils doivent
être fauchés en vert pour fourrage ou destinés
à être enfouis pour l'amendement du sol. Même
culture pour les haricots semés en mai et en
ligne.

Quoique l'ensemencement en rayons soit en
général le meilleur, on peut, comme il est plus
long, substituer l'ensemencement à la volée pour
les pois qui sont destinés aux animaux, tels que
le pois des champs et autres. On sème dru, parce
que les oiseaux et les mulots en pillent une partie ; dans ce cas, la suie à l'eau les chasse. On
les met en terre en novembre ou à la fin de
l'hiver.

Le pois des champs et le pois michaud se
fauchent pour fourrage après la fleuraison, ou
sec pour pouvoir labourer et y mettre des betteraves ou autre chose. Fauché en sec, il
convient pour engraisser les cochons et les
bestiaux ; on le préfère même à l'avoine pour
les chevaux.

Pour la plupart des pois, l'ensemencement en
rayons est celui que l'on doit employer, parce
qu'il économise la semence et facilite le binage.
C'est aussi celui qui produit la plus abondante
récolte. Dans ce cas, chaque rayon est séparé

par un intervalle de 52 à 65 centimètres, méthode qui fait circuler l'air entre les plantes, facilite le travail du binage et nettoie le pied de ces végétaux.

Comme le pois à besoin de se soutenir pour s'élever, et qu'ainsi il produit plus que lorsqu'il est abandonné à lui-même, on lui donne souvent pour appui, dans les champs, où il serait trop dispendieux de le ramer, quelques fèves clair-semées.

FÈVES ET FÉVEROLES.

Ces principales variétés, dans la grande culture, sont :

1º La féverole gourgane, ou fève de cheval, parce qu'elle lui fournit un très-bon aliment, supérieur à l'avoine ;

2º La fève de marais. C'est la grosse variété qu'on cultive dans les jardins.

La fève peut aussi être enterrée à l'époque de sa fleur, pour servir d'engrais végétal ou être fauchée pour fourrage. Elle est très-robuste, surtout la première variété ; aussi peut-on la semer de très-bonne heure, même dans les terres compactes. Sa culture ameublit et prépare le sol, pour y admettre ensuite le froment, à moins qu'on ne la destine à être fauchée ou enfouie. La fève doit être semée en rayons, pour faciliter le binage, qui nettoie le terrain et rechausse la semence.

On fait ordinairement, et avec raison, avant de la semer, amollir la fève pendant un ou deux jours dans de l'eau, avec de la suie, afin d'en écarter les animaux et d'accélérer sa germination.

Le pincement de la fève, lorsqu'elle est en fleur, a l'avantage de détruire les pucerons, qui en attaquent de préférence le sommet, naturellement tendre, et de faire produire plus de gousses et des grains plus gros et plus savoureux.

On ne donne aux animaux que la féverole ; sa farine mêlée dans de l'eau tiède, à la proportion de trois quarts avec du lait, nourrit parfaitement les veaux à l'âge de douze jours. Ainsi, l'animal devient gros et excellent à bon marché, tandis qu'on tire un parti avantageux du lait qu'il eût consommé.

Pour rendre ce fourrage plus agréable aux

bestiaux, on sème ensemble des fèves, des pois, des vesces et même quelques graines de céréales. C'est ce qu'on appelle de la dragée, sorte de nourriture, soit d'été, soit d'hiver, pour les bestiaux.

Considérée comme un engrais, la fève sera semée à la volée et enterrée à la charrue, au moment où elle est en fleur ; c'est un excellent amendement.

VESCE (Jarosse).

On en distingue deux variétés : celle du printemps, que l'on sème jusqu'en été, et celle d'hiver, qui, ayant plus de temps pour se développer, donne toujours de plus beaux produits.

Le même sol qui est bon pour les pois, est aussi celui qui convient à la vesce. Elle redoute d'autant plus l'humidité du sol, qu'elle devient très-touffue, couvre le sol et est exposée à y pourrir. Peu de fumier lorsqu'elle doit être coupée en vert.

Le froment réussit parfaitement lorsqu'il succède à la jarosse. Quand les froids ne sont pas très-violents, la jarosse d'hiver fournit au printemps un fourrage vert aussi remarquable par sa qualité que par sa quantité. Pour plus de sûreté, employer le fumier frais, sortant des étables, qui maintient la terre chaude et assure sa prospérité.

La vesce ou jarosse convient beaucoup aux chevaux et aux bêtes à cornes, et n'est pas bonne pour les volailles ni pour les cochons; on la donne aux animaux de travail, au lieu d'avoine, à poids égal. Elle est aussi très-propre à servir d'engrais, enfouie en terre à l'époque de sa fleuraison. On peut l'enterrer, et semer aussitôt du sarrazin ou autres cultures, dans le courant de juin.

AJONC.

On emploie 15 kilogrammes de graine par hectare; la terre doit être ameublie, parce que cette plante pivote profondément. C'est en mars qu'on le sème ordinairement. On peut repiquer l'ajonc, pourvu qu'on n'offense pas son pivot. Ses jeunes pousses écrasées conviennent bien aux bestiaux, et sont bonnes pour clôtures et

8.

propres à garnirl es crêtes des talus. On le fauche
dès la première année; alors il tale beaucoup.
Au surplus, il est bon à couper lorsqu'il est parvenu à 30 à 40 centimètres de hauteur; par conséquent, c'est une récolte abondante et profitable pour les animaux, qui en sont très-friands.
Comme cet arbuste est tout épines, on ne peut
l'employer qu'après l'avoir haché et bien foulé.

Des observateurs judicieux ont calculé qu'une
étendue d'ajonc produit autant de nourriture
pour les bestiaux que deux fois plus de bonne
prairie, bien qu'on le cultive dans les mauvais
terrains, pourvu qu'ils soient un peu défoncés et
ameublis; on peut donc, au moyen de cet arbuste précieux, se procurer pour l'hiver un
fourrage vert dont les chevaux et les bêtes à
cornes sont très-friands.

Au surplus, j'ai nourri en 1864 mes quatre
chevaux avec des ajoncs pilés : ce qui m'est revenu à 1 fr. 60 c. par jour, m'eût coûté plus de
6 fr. en foin.

Mieux que cela, je me rappelle qu'en 1833,
année analogue à 1864, lorsque j'entrepris
l'agriculture à la Bottinière, dès Noël je
n'avais plus ni foin ni paille; mais, comme sur
toutes les terres négligées, il ne manquait point

d'ajoncs : je fis monter un pilage, et, au moyen
de cinq ou six journées d'homme par mois,
j'entretins à peu de frais, tout l'hiver, mes
bêtes à cornes et un cheval, qui me firent, avec
des feuilles et des fougères ramassées dans les
taillis, assez de fumier.

Aujourd'hui, à l'imitation de la Normandie,
je sème et plante sur la crête de tous mes talus
des ajoncs, que je fais couper tous les ans ou tous
les deux ans, et, en plant, à la base, de l'aubépine ou du saule.

BÉTAIL.

On remarquera plus loin que la France est la nation occidentale qui possède le moins de bétail et celle qui devrait en nourrir le plus.

La dépréciation du prix des grains en 1864 et en 1865 inspire à un grand nombre de cultivateurs la résolution de diminuer les ensemencés en céréales, et d'augmenter les fourrages et les bestiaux. On a raison; le moment est opportun, car bientôt nous ne saurions plus que faire de nos blés; en effet, c'est le trop-plein depuis trois ans qui encombre et qui contribue toujours à la baisse. Il n'en est pas ainsi du bétail, du gros surtout, du beurre et des diverses denrées.

La prospérité de l'agriculture est en proportion du nombre de bestiaux que le sol peut nourrir; leur multiplication féconde les guérets, qui, sans fumiers, seraient maigres et stériles, car leurs produits en chair, en lait et en laine forment une partie importante de revenu.

QUALITÉS GÉNÉRALES A RECHERCHER DANS LE BÉTAIL.

. Jetons un coup d'œil général sur les principes généraux de l'éducation du bétail, nous en ferons ensuite l'application à chaque espèce d'animaux domestiques.

Les qualités qu'il importe le plus de considérer dans le bétail, sont la taille, les formes, la vigueur et la fécondité ; nous traiterons, à l'article engraissement, les autres considérations qui s'y rapportent plus particulièrement.

Le cultivateur ne pouvant que jusqu'à un certain point modifier la nature de ses pâturages, doit donc combiner avec leur qualité l'espèce d'animaux qu'il veut y entretenir.

Les herbages gras et abondants permettent d'y entretenir des animaux de grande taille, et comme les individus de qualité inférieure et médiocre sont plus communs, on donne la préférence généralement aux bestiaux de taille moyenne et même de petite taille, qui s'accommodent de presque toutes les pâtures.

En général, on doit profiter de tous les avantages de sa position, car il y a perte où tout n'est pas employé, et particulièrement quand les animaux ne sont pas en rapport de taille avec la qualité du sol. Il faut en outre ne pas négliger d'améliorer la terre autant que possible, si l'on veut que les animaux qu'elle nourrit ne puissent dégénérer. C'est bien pour cela encore que les Vendéens, les Anglais surtout, ont une si grande supériorité sur nous.

Les formes doivent varier selon chaque destination, excepté dans le bœuf, qui exige la réunion de celles convenables à sa double destination d'animal de travail et d'engraissement, ou du moins qui ne le rendent pas impropre à l'une ou l'autre, d'après le choix que le propriétaire fait dans son intérêt. Les données générales sur les formes et les proportions qui établissent l'harmonie entre toutes les parties d'un même animal, sont : la poitrine large, les jambes plutôt courtes que longues, la tête légère, les reins droits, les os petits, les côtés ronds, les mouvements libres.

Quoique les espèces s'acclimatent et se fassent aux localités, la vigueur est une qualité si précieuse dans les animaux, qu'il est très-avantageux de choisir celles qui la possèdent naturellement et qui proviennent d'un pays, d'un canton analogue à celui où on les transporte. Cela est si vrai, que j'ai éprouvé de grandes difficultés pour acclimater la race suisse.

Les signes qui annoncent la vigueur, sont : la vivacité, l'ardeur, l'œil éclatant, la taille peu élevée, le poil rude, excepté dans les races de pur-sang ; une couleur foncée.

La fécondité est non moins profitable que les autres qualités, et si son absence ne tient pas aux circonstances dans lesquelles l'animal se trouve sous le rapport de la nourriture ou du logement, après s'être assuré si elle provient du mâle ou de la femelle, on ne balancera pas à s'en défaire ou à le soumettre à l'engraissement, auquel il est ordinairement propre.

Les jumeaux sont moins considérés que les autres productions dans le choix des animaux de reproduction.

VUES GÉNÉRALES SUR L'ENTRETIEN DOMESTIQUE DU BÉTAIL.

On préfère justement les espèces dont la croissance est rapide, autant que cette qualité ne nuit pas à la beauté des formes et à la vigueur.

Après le choix des animaux, on doit considérer que les divers avantages qu'on en tire, tels que leur multiplication, leur vente dans l'état d'engraissement, celle de leurs produits, leur travail, dépendent absolument de leur parfaite santé, qui dépend à son tour principalement :

1° D'une nourriture choisie, suffisante et réglée ;

2° Des soins qu'on prend de l'animal ;

3° Du repos qu'on lui accorde ;

4° De la salubrité des eaux ;

5° De la température de l'air auquel ils sont exposés.

L'expérience conseille de conserver seulement le fourrage sec nécessaire pour fournir abondamment le bétail pendant l'hiver et durant les pluies d'été, et de faire manger l'autre partie en vert.

Il faut faire boire les animaux le matin, de bonne heure, et tard, le soir, mais toujours après qu'ils auront mangé; leur donner à manger trois fois dans la journée : le matin, à midi et le soir, en partageant les rations en 4 ou 5 portions distribuées de quart-d'heure en quart-d'heure, au fur et à mesure qu'elles sont consommées; si ce n'est à midi, qu'on pourra donner une ration partagée en deux.

On ne fauchera l'herbe qu'après que les plantes les plus précoces auront commencé à perdre leurs fleurs, et celle des prairies artificielles, que lorsque leurs boutons à fleurs auront paru.

On mêlera du foin avec l'herbe quand on commencera à nourrir le bétail au vert. On évitera de donner l'herbe coupée pendant la pluie ou lorsqu'elle sera trop humide, surtout si elle est grasse et succulente; et alors on la remplacera nécessairement par du fourrage sec ou par des plantes graminées, en les choisissant parmi celles qui se rapprochent de l'avoine par la disposition de leurs fleurs et de leurs grains

Il faut que les animaux ne manquent jamais d'eau, ou que l'on mêle de temps à autre, à leur nourriture, des aliments aqueux; on aura soin de secouer le foin et de l'humecter avec un peu d'eau saturée, avant de le mettre dans les râteliers.

Toutes les variations subites dans le temps, dans la nourriture, le changement d'eau, le défaut d'appropriation des aliments avec l'état de l'atmosphère, sont les causes les plus ordinaires des maladies.

Pour prévenir les inconvénients des changements d'eaux, on jette pendant les premiers temps, dans la boisson, une poignée de farine d'orge, de son ou de sel.

Cette dernière denrée, administrée sans excès, plaît à tous les animaux, et entretient leur santé, principalement si l'herbe qui leur est fournie est intérieurement aqueuse et provient d'un sol humide.

DES ÉTABLES.

Les étables doivent être aérées et sèches, suffisamment éclairées et d'une étendue proportionnée à la grandeur et au nombre des bestiaux qu'on y renferme; leur élévation est ordinairement de dix à douze pieds, et leur profondeur se calcule à douze pieds pour un seul rang d'animaux et à vingt pour deux rangs; chaque tête occupe de trois à trois pieds et demie. Les murs doivent être entretenus en bon état et blanchis au lait de chaux aussi souvent qu'il est nécessaire. Le plafond sera fermé en plein. La porte d'entrée, placée de préférence au Nord ou au Levant, sera assez large pour que les vaches pleines ne puissent s'y froisser ; la porte ne se ferme, pendant le jour, que dans les grandes chaleurs, et par une simple barrière qui empêche les chiens, cochons, etc., de pénétrer.

Le sol, plus élevé que celui de la cour et en pente régulière, afin de favoriser l'écoulement des urines, doit présenter une certaine solidité, à cause du piétinement des animaux.

Les fenêtres, en aussi grand nombre que possible et dans des directions opposées, seront garnies d'un contrevent, que l'on ferme selon la saison, ainsi que d'un châssis de toile qui empêchera le passage des mouches. Des ouvertures ou ventouses pratiquées dans le plafond entretiendront un courant d'air propre à diminuer la chaleur intérieure ; mais on ne l'établira qu'en l'absence des animaux. On sait que l'obscurité éloigne les mouches, fléau du bétail ; pendant qu'on l'obtient par la fermeture des fenêtres, on laisse la porte ouverte pour leur sortie.

Une mangeoire surmontée d'un râtelier est d'une utilité reconnue, et ne saurait être tenue trop proprement. Au moins une ou deux fois par mois, suivant la saison, le fumier sera enlevé, et, en tout temps, la litière sera distribuée abondamment (1).

La propreté n'est pas une recherche de luxe ; c'est une nécessité telle, que toute négligence à cet égard est une chance donnée à la maladie.

DU TAUREAU.

Un bon taureau doit être gras, en bonne chair ; il a la tête courte, les cornes grosses et régulières, le front large, le regard fixe et assuré, les oreilles longues et bien garnies, le mufle grand et carré, le nez court, le cou gros, musculeux et épais, les épaules et la poitrine larges et libres, les jambes courtes et fortes, les reins puissants, le dos non courbé,

---

(1) Une seule fois par mois, en hiver, le fumier sera enlevé, à cause du froid ; c'est le moyen de conserver la chaleur et le purin.

la cuisse ample et charnue, le jarret dégagé, le poil soyeux, touffu et lustré; les organes générateurs volumineux, la queue grande et velue; plein de fierté, d'ardeur; mais doux et facile à l'homme, jamais méchant et sournois.

De trois ans à sept, il est propre à la génération; après ce temps, il ne convient plus que pour l'engraissement.

Des soins, un traitement doux, une nourriture abondante, tantôt à l'étable, où il s'habitue à l'homme, et tantôt dans les pâturages, où il se fortifie, donneront un résultat avantageux. Si, nonobstant ces précautions, l'animal est méchant et dangereux, il faut le réformer.

La saillie en liberté est la meilleure.

Le taureau s'attache seulement aux vaches en chaleur jusqu'au moment où elles sont fécondées. La saillie à la ferme se fait à la main. Un taureau peut suffire à 20 jusqu'à 40 vaches; mais il ne faut lui en livrer qu'une par jour. Indépendamment du service générateur, le taureau peut, comme le bœuf, être employé aux divers travaux de l'agriculture.

DE LA VACHE ET DU VEAU.

La vache laitière, moins belle que la vache de reproduction, a le corps grand et maigre, la tête moyenne, les cornes écartées, grandes et polies, le front ouvert, le regard doux, le fanon pendant, la croupe légèrement saillante, la queue haute et longue, les jambes fines ; ses tétines amples, mais peu charnues ; les veines mammaires prononcées ; enfin, la peau douce et bien garnie. La vache de reproduction se rapproche davantage des formes du bœuf. La génisse est, à deux ans, en état de recevoir le taureau ; un an en plus, on la trouverait encore plus propre à la génération. Les signes de chaleur se manifestent, dans la vache, par l'agitation et l'inquiétude, le battement des flancs, les mugissements prolongés, la grosseur de la vulve, qui laisse échapper une liqueur blanchâtre, enfin des mouvements brusques et des sauts qu'elle exécute aussi bien sur les autres vaches que sur le taureau. L'écoulement par la vulve est quelquefois le seul signe de chaleur de la vache, qu'on peut provoquer par une nourriture légèrement échauf-

fante et non pas trop active ; une addition
d'avoine suffit dans ce cas.

Le mois de juin est le temps le plus propice
pour la monte des vaches, et celle qui s'opère
dans les prairies est la plus efficace. La vache
retient presque toujours dès la première fois ;
quelquefois seulement le retour au taureau
devient nécessaire ; mais il la refuse quand
l'effet de la monte est réalisé, bien que la
femelle manifeste encore quelques signes de
chaleur.

Le temps de la gestation est de neuf mois ; au
bout du sixième, on cesse de traire le lait, qui
perd de sa qualité, et on augmente les soins
et la nourriture, sans toutefois pousser l'animal
jusqu'à l'engraissement. L'exercice, le pâturage,
favorisent la gestation ; au moment du part, les
soins doivent redoubler, et l'on ne doit pas perdre
l'animal de vue, afin de pouvoir lui donner les
secours nécessaires.

Le moment du vêlage s'annonce par des
signes extérieurs : le pis grossit, le flanc et la
croupe s'affaissent, la vache gémit et s'agite ; le
vagin se tend, la vulve se dilate et laisse échapper un liquide blanchâtre. Quelquefois le veau
ne se présente pas naturellement ; il devient

nécessaire de le repousser dans la matrice et de lui donner une direction convenable. On donne à la mère une boisson excitante et rafraîchissante, selon le cas où elle manque de force, ou bien si elle est irritée par des efforts violents; et, après qu'elle a mis bas, un tonique composé soit de vin, soit d'une autre liqueur fermentée, facilite la sortie du délivre, qu'il serait nuisible de laisser dans l'intérieur et qu'on aura soin d'écarter après sa sortie. On voit des vaches qui le mangent sans qu'elles en soient incommodées.

La matrice sort quelquefois avec le veau; il faut alors la replacer exactement, en y jetant un peu de sel ou de poivre, dont l'effet empêchera une nouvelle sortie.

Dès que le veau est à l'air, il est léché et essuyé par sa mère, qu'on excitera au besoin par quelques poignées de son ou de sel répandues sur le nouveau-né. Les premières précautions étant remplies, il n'y a plus qu'à la laisser reposer et lui fournir à sa portée un breuvage d'eau mêlée de farine d'orge ou de son, et du fourrage vert et sec frais, successivement augmentés.

Dans le cas assez rare où une vache ferait deux veaux, à moins qu'elle ne soit forte et bien constituée, on ne lui en laissera qu'un à nourrir et l'autre sera élevé artificiellement avec de la farine d'orge délayée dans du lait, jusqu'au moment où il sera livré au boucher.

Si le veau est destiné à la boucherie, on se décidera, suivant la valeur de sa chair et le prix du lait, à le sevrer plus tôt ou plus tard, ou à le livrer à l'engraissement. Lorsque la chair du veau est d'un faible rapport, relativement à son prix, ou que le laitage a une grande valeur, ainsi que cela a lieu dans le voisinage des villes, on doit négliger l'engraissement.

Le sevrage des veaux ne doit pas se faire brusquement, afin de les préparer graduellement à un nouveau régime et à leur séparation de la mère. Dans ce cas, on les nourrit avec du lait et de la bouillie, des farineux, et ensuite avec du foin. Quelques mois plus tard, on les conduit dans de bons pâturages, en évitant que le froid ne les fasse souffrir; mais il serait encore mieux, pour développer leur croissance, de les conserver à l'étable en les nourrissant de fourrages verts et secs et de recoupes, et de ne les envoyer au pâturage que pendant l'été de la seconde année.

Dans le choix entre le pâturage et la nourriture à l'étable, on se décide selon les ressources et

9.

la qualité des prairies, de la température et du genre des terrains.

NOURRITURE DU BÉTAIL

AU VERT ET A L'ÉTABLE.

On emploie à cet usage diverses plantes, comme les vesces, la luzerne, le trèfle, l'herbe des prairies naturelles, et aussi l'orge, le seigle, l'avoine et les fèves, le tout coupé en vert ; mais le trèfle, soit seul, soit mêlé avec le ray-grass, est la plante qu'on emploie habituellement.

La nourriture du bétail au vert à l'étable présente les avantages suivants : 1° Économie en surface de terre ; 2° avantage en ce qu'on diminue les dégradations des clôtures ; 3° économie de nourriture ; 4° amélioration du bétail ; 5° augmentation du produit en lait et en beurre ; 6° augmentation de la quantité et de la qualité du fumier ; 7° accroissement de produits et de la valeur du sol.

Quelques bons agriculteurs ont calculé avec certitude qu'on peut en établir la différence de 1 à 3 ; ensuite, plus de dégradation des clôtures lorsqu'on entretient constamment le bétail à l'étable.

Économie de nourriture ; car les animaux consomment moins d'herbe qu'à la pâture en la mangeant, et rendent leurs excréments à l'étable. D'après des expériences faites, 33 têtes de bétail à cornes ont été nourries à l'étable depuis le 20 mai jusqu'au 20 novembre avec le produit de 7 hectares d'herbe. Cet avantage s'applique à toutes les espèces de gros bétail, principalement dans les saisons sèches. Lorsque les pâturages sont sujets à manquer, les chevaux ou les bœufs de travail se nourrissent à l'étable avec beaucoup d'avantage. On leur épargne ainsi la fatigue d'aller recueillir leur nourriture après le travail. Ils se remplissent bien plus promptement, et il leur reste ainsi plus de temps pour se reposer dans une étable, avec abondance de litière et de fumier.

La nourriture au vert à l'étable du gros bétail à l'engrais réussit de même.

Les porcs peuvent également être nourris à l'étable avec beaucoup d'avantage, au moyen du trèfle ; pour cet effet, le jardin de chaque journalier devrait toujours contenir un carré de trèfle. Les fèves, coupées en vert, dont les porcs sont si friands , seraient encore plus profitables pour cet usage. Le fourrage vert est très-avantageux aussi aux vaches à l'étable, à cause du produit du lait, afin qu'elles ne soient pas tourmentées par les mouches. Enfin, tout le bétail est maintenu ainsi dans un meilleur état de santé. Il n'y a certainement aucune méthode par laquelle on puisse tirer plus de profit des herbages cultivés que par la nourriture du bétail à l'étable.

DE L'ENGRAISSEMENT

DES BÊTES A CORNES.

Un bon panseur est toujours matinal, aussi :
Le plus sûr gain est celui du matin.
La paresse dès le matin fait le soir un vaurien.

On parvient à engraisser les bestiaux en augmentant leur appétit, en les excitant à manger et en leur prodiguant une nourriture succulente et substantielle, en les maintenant enfin dans un état de tranquillité favorable aux fonctions de la vie.

Pour aiguiser l'appétit des animaux, on leur distribue alternativement, et à des intervalles rapprochés, les denrées qui flattent le plus leur goût; on les fait boire trois ou quatre fois le jour; on leur lave de temps en temps la langue avec du vinaigre et du sel, et on leur jette dans la gorge une petite poignée de sel. C'est ainsi qu'on les détermine à manger, sans même avoir faim, au-delà de ce qui est nécessaire à leur existence. On varie les substances données au bétail pour l'engraisser, de manière à empêcher le dégoût, et on le distribue par petites quantités souvent réitérées.

L'engraissement marche d'autant plus vite que l'animal absorbe et digère dans un certain espace de temps une plus forte provision d'aliments substantiels, et l'on remarque que ceux qui parviennent le plus rapidement au dernier degré d'engraissement, ont plus que les autres consommé le maximum de la nourriture.

On doit restreindre les matières nutritives à ce que l'on possède de plus substantiel, et l'on obtiendra ainsi des progrès plus rapides ; cependant on proportionnera les rations de manière à éviter l'inconvénient des indigestions, mais on les augmentera graduellement.

Les huit premiers jours, soir et matin, on prend un seau d'eau chauffée tiède, on y jette deux picotins de farine d'orge, et on la laisse reposer jusqu'à ce que le plus gros de cette farine, qui n'a point été blutée, soit descendu au fond de l'eau ; on la donne à boire aux bœufs dans une auge, et on réserve le marc restant, pour le leur donner au retour du pâturage.

A la Bottinière, nous engraissons en hiver avec des betteraves, des choux, des navets, des carottes, etc., etc.

En été, avec trèfle, ray-grass, féveroles, petits pois et jarosse.

Si je n'engraisse point pour ces concours admirables de beauté, c'est parce que je crois qu'il n'y a pas de profit à nourrir du bétail à la farine, et on ne peut réussir sans cela ; mais j'engraisse pour la boucherie, avec des racines et du vert, d'après la méthode vendéenne.

LAITERIE.

Le lait est la nourriture des enfants et le vin
celle des vieillards.

PYTHAGORE.

Le produit du lait, si important, des exploitations rurales est de toutes les substances animales celle qui a le plus de rapport avec le règne
végétal ; c'est une véritable émulsion, qui, à la
vérité, ne diffère presque pas du chyle, mais
qui, comme liqueur laiteuse de quelques semences, contracte plus ou moins la couleur et la
saveur des substances végétales dont l'animal
fait sa nourriture.

Une saveur douce et sucrée, un toucher onc-
tueux, une odeur agréable qui lui est propre,
un blanc mat, caractérisent le lait dans lequel une
partie des corps qu'il renferme ne se trouve que
suspendue, refroidie ; sa saveur diffère de celle
qu'il avait étant chaud. Il se mêle très-bien avec
les sucs de fruits, avec le moût, avec le cidre
doux ; il dissout la gomme, le sucre. Quelques-
unes de ces substances, employées à grande
dose et secondées par la chaleur, ont la pro-

priété de coaguler le lait : il en est de même de quelques matières animales.

Le lait est une des parties les moins animalisées du règne animal.

En effet, il conserve une portion des qualités des plantes dont l'animal s'est nourri. On a remarqué que les fanes de pomme de terre donnent au lait une saveur désagréable; la carotte, les choux, une certaine saveur ; les feuilles de vigne, un peu d'acidité qui n'est pas sans agrément; les feuilles de maïs, ainsi que les betteraves, un goût sucré. Ce sont les tubercules de pommes de terre, de trèfle, le ray-grass, la luzerne et surtout le mélange des bonnes graminées de nos prairies naturelles et artificielles qui procurent le meilleur lait, le plus substantiel, le plus profitable ; et, parmi ces plantes, il faut distinguer l'ivraie vivace, le brôme et la fléole des prés (1). Ainsi, en variant les aliments des vaches laitières, on peut facilement obtenir diverses qualités de lait. M. Parmentier remporta en 1790, à l'Académie de médecine , le

---

(1) Nous avons aussi du brôme schrader très-beau.

prix qu'il avait proposé pour l'examen comparatif du lait de différentes femelles.

Les principes les plus importants du lait sont la partie butyreuse, le beurre, ou la partie caséeuse, le fromage. La crème qui s'élève au-dessus du lait est un composé où le beurre domine, d'où il est facile de l'extraire par l'agitation dans la baratte. Le lait acquiert plus de fluidité que celle qui lui est propre en le faisant chauffer, tandis que le grand froid lui procure une forme concrète : effets opposés qui sont plus ou moins marqués suivant les circonstances de la saison et des aliments, les qualités particulières du lait et l'animal d'où on l'extrait.

Quand le lait passe rapidement d'une température très-fraîche à une température très-chaude, il subit une prompte altération ; de doux et liquide qu'il était, il devient acide et coagulé. On retarde cet effet de quelques jours en faisant bouillir le lait fraîchement trait.

Le cuivre est de tous les métaux celui qui détermine le plus vite l'altération du lait.

L'ébullition à divers degrés change ou modifie diversement les qualités de cette liqueur. Ce degré de chaleur surtout, s'il est continué quelque temps et porté haut, lui fait perdre les parties les plus saines. Si on l'expose à un feu modéré, le lait se couvre de pellicules ridées, jaunâtres et assez épaisses, qui, à mesure qu'on les enlève, sont remplacées par d'autres toujours plus minces, plus transparentes.

Une pièce de métal, l'addition d'un morceau de beurre ou de pain au fond de la baratte, retardent considérablement la confection du beurre.

La couleur jaune du beurre tient à la bonne nature des herbages, à la disposition de l'animal et à la température chaude de la belle saison.

Pour flatter la vue, on colore le beurre sans nuire à sa qualité. La couleur doit être introduite dans la crême. Au moyen de baies d'alkékenge ou coquerets, de suc de carotte rouge orangée (1), de fleur de souci, on procure au beurre une couleur jaune plus ou moins foncée.

Au surplus, le suc exprimé de la carotte rouge mérite la préférence sur la fleur du souci.

La meilleure méthode à employer pour opérer

_____

(1) On ne parlera point du rocou, qui ne convient que pour les colonies.

la séparation de la matière caséeuse, est l'usage de la présure, substance qui provient du lait caillé qu'on trouve dans l'estomac d'un veau qui tétait encore un peu avant que d'être tué. Un demi-gros de présure par litre de lait est à peu près la quantité nécessaire pour obtenir de bon fromage.

Le lait où l'on verse la présure doit être tiède.

BEURRE.

Le lait ayant été trait, passé au tamis, soit de crin, soit de toile, et déposé dans une terrine, dans un lieu frais, la crème s'en dégage et monte à la surface du liquide en 24 heures, si la température est de dix à douze degrés au thermomètre de Réaumur ; si la chaleur est plus forte, la crème s'élève en 10 ou 12 heures, mais a une moindre consistance. Quoi qu'il en soit, elle sera d'autant plus délicate qu'elle aura, après sa fermentation, séjourné moins de temps sur le lait.

On reconnaît qu'elle a une consistance suffisante pour être enlevée, lorsque, en appuyant légèrement le doigt sur la surface, il ne s'y attache aucune humidité.

ÉCRÉMAGE.

A mesure qu'on a recueilli la crème sur les terrines, on la dépose au frais dans des vases de terre cuite, dont le goulot soit étroit et facile à boucher, afin que le contact de l'air ne puisse l'altérer.

La crème qui renferme le beurre monte sur le lait à l'aide du repos, mais contient quelques autres principes, dont le battage seul peut la dégager.

La crème, enlevée à mesure qu'elle se forme, donne le beurre le plus fin ; là, il conserve toute sa saveur.

Plus le lait séjourne dans les mamelles, plus il contient de beurre. On a reconnu qu'à quantité égale, le lait d'une vache qu'on ne trairait qu'une fois par jour, produirait plus de beurre. Il est vrai qu'alors la vache donnerait une moins grande quantité de lait, puisqu'elle en sécrète d'autant plus qu'on la trait plus souvent.

BATTAGE.

Quel que soit le moyen employé, le beurre est toujours bon, pourvu que la crème réunisse les qualités avantageuses dont nous avons parlé. Ainsi, par un mouvement non interrompu, une température de douze degrés n'est pas trop élevée pour opérer la manipulation du beurre ; si cette température n'est pas assez chaude, on s'approche du feu, on élève la chaleur, ou bien on plonge la baratte dans un vase rempli d'eau tiède ; si, au contraire, il fait trop chaud, il convient de se placer au frais pour faire le beurre, car celui qui se fait sans avoir recours à la chaleur artificielle est toujours le meilleur.

Toutefois, dans les hivers rigoureux, on est souvent forcé d'avoir recours à ces moyens extraordinaires.

Dès que les parties butyreuses se sont suffisamment dégagées de la crème pour former corps entre elles, que la masse est devenue solide et a pris la teinte ordinaire, le beurre est fait ; alors on rassemble la masse, on la pétrit jusqu'à ce que le beurre soit bien délaité. Alors on le sale à 4 0/0.

Les vases qui servent au lait, à la crème, au beurre, doivent toujours être de la plus grande propreté, bien lavés, bien échaudés et bien séchés.

Si l'on n'a pu éviter l'inconvénient de faire le beurre avec de vieille crème, il faut jeter dans la baratte certaine quantité de lait frais avec lequel elle se trouvera mélangée et battue, ce qui l'adoucira plus ou moins.

SALAISON.

La longue conservation du beurre avec les bonnes qualités qu'il peut comporter, dépend de la manière dont il a été salé.

Après l'avoir bien délaité, c'est-à-dire bien séparé de toute espèce de laitage consécutif, on s'établit dans un lieu frais et on sale. Quelques fermiers ne lavent pas leur beurre ; ils se bornent à le manier avec une cuillère de bois ou un rouleau, et à forcer ainsi le sérum à se séparer, afin de conserver au beurre toute sa saveur.

Le sel raffiné convient pour les beurres fins

et le sel marin pour les beurres communs, 4 0/0
pour les premiers et 8 à 10 0/0 pour les derniers. Lorsqu'ils doivent être transportés outre-
mer, on pétrit le beurre en petit avec une
cuillère de bois ; en grand, pour la marine, avec
un laminoir (1). On le met en barils, en pots de
grès, en boîtes de fer-blanc ou en bouteilles à
goulot large. Les beurres d'élite sont : Isigny,
la Prévalais et Gournay ; on pourrait en faire de
très-bon à Nantes, si on voulait.

BEURRE FONDU.

La meilleure méthode est de faire fondre le
beurre au bain-marie ; c'est-à-dire, de le placer
dans un vase que l'on pose dans un chaudron
plein d'eau. La chaleur de cette eau, que l'on
fait bouillir, suffit pour faire fondre le beurre,
qui se nettoie par son écume et son dépôt. Salé
ensuite avec du sel très-finement écrasé, et mis
dans des vases de terre, ce beurre sera de bonne
garde, et pourra servir tant à remplacer l'huile

---

(1) Machine perfectionnée par l'auteur.

et le beurre frais, qu'à faire roussir pour les fruitures. Pendant que la fusion s'opère, il faut que le feu ne soit pas assez fort pour lui donner la couleur brune : il doit rester jaune. On écume avec soin, et on remue, pour faciliter l'évaporation et pour empêcher que les matières concrètes qui se précipitent ne s'attachent et ne brûlent au fond du chaudron.

Le beurre est suffisamment fondu et dépuré quand quelques gouttes jetées sur le charbon s'y enflamment sans pétiller. Alors, on le tire du feu, on finit de l'écumer, on le laisse déposer pendant quatre ou cinq minutes, puis on le verse dans des pots qu'on a fait chauffer, pour éviter la transition trop longue du froid au chaud. Ce qui reste au fond du chaudron est bon, mais de peu de garde ; c'est ce que l'on emploie d'abord pour l'usage journalier et pour les mêts les plus communs.

Le beurre fondu au bain-marie est celui qui est le plus agréable et se conserve le mieux ; mais il fait plus de dépôt, et par conséquent l'opération est moins économique. Le résidu du beurre fondu sert au beurre fort.

10.

FROMAGE DE HOLLANDE.

Les grands avantages de ce fromage sont sa facile conservation pendant plusieurs années et son transport non moins facile.

Les procédés qui concourent à la confection du fromage de Hollande sont à peu près les mêmes que ceux dont on fait usage en Auvergne et dont nous avons parlé plus haut.

On coule le lait et on le fait coaguler avec de la présure dans un baquet de grande dimension. Bien caillé et dégagé d'une partie de son sérum, on le pétrit dans une sorte de passoire, et on le dispose dans des formes dont le fond est concave et pourvu de quatre trous, pour faciliter l'écoulement du liquide. On remplit la forme de caillé bien tassé, et on la recouvre d'un couvercle, concave aussi, qui achève de donner au fromage la rondeur qu'on lui connaît, en entrant dans le cylindre où elle s'adapte exactement. Le tout est soumis à la pression graduelle d'une planche chargée de pierres, qui accélère le dégagement du petit-lait. On retourne et on continue de presser jusqu'à ce que le fromage soit bien égoutté.

M. Des Marest, qui a écrit pour l'Encyclopédie méthodique l'art de faire les fromages, explique ainsi qu'il suit le reste de l'opération :

« On retire le pain (fromage) de la forme, et on l'enveloppe dans une toile fort claire qu'on a eu soin de faire sécher bien exactement ; on étend la toile sur une table, et, après avoir retiré le fromage de la forme, on roule la toile par le milieu tout autour de la surface cylindrique du fromage, puis on rapproche les parties d'une lisière, en les pliant sur la base arrondie par le fond de la forme, et on finit par en recouvrir la base supérieure avec l'autre extrémité de la toile, dont une grosse épingle assujettit les derniers plis.

» C'est alors qu'on porte cet équipage sous la presse la plus pesante, et qu'on achève de comprimer le fromage de manière que la crème et le petit-lait se dégagent le plus qu'il est possible, et que les yeux disparaissent entièrement ; mais pour obtenir tous ces effets, les fromages restent en cet état huit ou dix heures.

» Les fromages étant bien égouttés et bien pressés, on les retire de la forme et de la toile, et on les met à tremper dans une eau salée faiblement. Après qu'ils ont trempé quelques heures dans l'eau salée, on les met dans de nouvelles formes plus petites que les premières, et percées seulement d'un trou rond au milieu du fond concave. On répand ensuite sur leur base supérieure une couche légère de sel blanc bien pur, qui pénètre dans la pâte à mesure qu'il fond. Le surplus, coulant dans l'intervalle qu'il y a entre le fromage et les parois intérieures de la forme, humecte légèrement la surface cylindrique du fromage et parvient par les rigoles de la table dans le baquet. C'est dans cette eau salée que l'on met à tremper les fromages, comme nous venons de le dire.

» On retourne le fromage, et l'on couvre l'autre base d'une couche de sel blanc semblable à la première. On le laisse en cet état jusqu'à ce que le sel soit bien fondu et que la partie surabondante soit écoulée de même que la première.

» Après ces opérations, on met de nouveau les fromages à tremper six ou sept heures dans les baquets où se trouve l'eau salée dont il est question ci-dessus. Ensuite, on les retire, pour les laver avec du petit-lait et pour ratisser leur pellicule blanchâtre.

» Dans cet état, il ne reste plus qu'à les sécher

dans un endroit frais, sur des planches propres, où on les retourne souvent. »

La crème que la pression a fait sortir des frogages se recueille avec soin et sert à faire du beurre.

On fera du fromage de Hollande quand on le voudra.

ACTUALITÉS.

GUÉNON. — VACHES LAITIÈRES.

Aujourd'hui que tout le monde connaît ou peut connaître les signes indicateurs de la puissance lactifère de Guénon, il est donc possible d'empêcher la dégénérescence de l'espèce bovine, puisque cette dégénérescence, qui est fatale à toutes les races et de laquelle tout le monde se plaint, ne provient en somme que de l'accouplement de mauvais taureaux.

En un mot, on doit trouver chez les taureaux toutes les qualités des meilleures vaches, attendu que ces caractères dénotent que les reproducteurs transmettront à leurs descendants les qualités nécessaires pour donner du lait en abondance et de première qualité.

C'est en réunissant le raisonnement et l'expérience, c'est-à-dire la théorie avec la pratique, que l'on peut faire faire d'utiles progrès à l'agriculture : c'est ce que nous ont appris Rosier, Olivier de Serres et Parmentier. Quoi qu'il en soit, il serait certainement injuste d'exiger du simple cultivateur qu'il se livrât à des essais trop hasardeux, qui seraient au-dessus de ses connaissances et de ses forces. C'est donc aux riches, c'est à l'agronome à faire ces entreprises. Par exemple : en *Allemagne*, une grande étendue de son territoire est consacrée à la culture des fourrages, des céréales et des légumes de toute espèce, tant pour la nourriture de l'homme que pour celle des animaux destinés à la boucherie. Aussi l'Allemand, bien nourri par un mélange de viande et de végétaux, est-il bien constitué, sain et robuste.

La *Belgique* et le nord de la France se glorifient avec raison d'avoir sinon inventé, du moins perfectionné les assolements au moyen desquels on accroît tout le revenu des terres par de riches engrais qui les rendent si fertiles.

L'*Angleterre* a pris comme nous une bonne part, mais plus tôt que nous, à cette science agronomique qui de nos jours fait de si remarquables progrès.

Aussi un auteur anglais porte-t-il à 27,000,000 de francs la valeur de leurs animaux et instruments aratoires, et seulement à 11,000,000 chez nous.

Cependant, d'après la statistique ci-après, le

nombre du bétail en Angleterre ne serait guère plus nombreux qu'en France, mais d'un poids et d'une qualité bien supérieurs.

En conséquence, faisons connaître le nombre de l'espèce bovine en France, comparé à celui des autres pays de l'Europe, lesquels, d'après les documents suivants, publiés par tous les journaux de France et de l'étranger, viennent confirmer pleinement ce qu'on n'a cessé de répéter depuis trente ans.

Les pays mentionnés ci-après possèdent par cent habitants :

1° Le Danemark, en 1re ligne.	100	têtes.
2° La Suisse	85	—
3° Le Wurtemberg	71	—
4° L'Écosse	62	—
5° L'Autriche	53	—
6° La Lombardie	50	—
7° La Sardaigne	40	—
8° La Hollande	40	—
9° Le Hanovre	40	—
10° Le grand-duché de Bade.	39	—
11° La Saxe	35	—
12° La Prusse	34	—
13° L'Angleterre	33	—

14° Les provinces Rhénanes . . 32 têtes.
15° Les Pays-Bas. . . . . 30 —
16° La France. . . . . . 29 —

Comme on le voit, la France vient en seizième ligne, au dernier rang. Encore si cette infério- rité en nombre était compensée par la qualité ; mais non, elle est inférieure en nombre et en qualité : c'est une situation dont notre pays, si fier de marcher à la tête de la civilisation, doit être honteux.

PLANTES OLÉAGINEUSES.

Chapitre spécial.

La navette, le colza, le pavot et la cameline sont les principales plantes oléagineuses que l'on cultive pour en extraire l'huile que contiennent leurs semences.

NAVETTE. — La navette, dont la culture est facile et peu dispendieuse, a deux variétés : la navette d'été, plus hâtive, et la graine d'hiver, qui produit davantage.

La première se sème après l'hiver, et l'autre en automne. Elle lève, brave, les gelées, étend ses racines, se développe avec force au printemps, et donne des graines plus compactes que si elle avait été mise en terre après les froids. Elle demande une terre argileuse, bien fumée, friable, ameublie et nettoyée par plusieurs labours. La navette d'été se place dans les terres légères, sablonneuses et calcaires.

La navette se scie ou se fauche lorsque la plus grande partie des écosses sont mûres. Si, avant sa rentrée, elle reçoit de l'humidité, c'est sans grand dommage pour sa graine, à moins qu'il n'y ait excès.

COLZA. — Le colza diffère peu de la navette d'hiver, sauf que ses grains sont mieux nourris, et qu'il résiste mieux aux grandes gelées.

Sa culture est la même que celle de cette plante.

PAVOT. — L'huile que l'on extrait du pavot est la meilleure pour l'usage de la table. La plante aime les terrains favorables aux céréales ; elle ne souffre point les insectes, et sa fleur est une ressource précieuse pour les abeilles.

Le pavot réussit mieux dans les provinces du Midi, quand il a été semé en septembre ou en octobre, et, dans celles du Nord, il est possible d'attendre les mois de février ou de mars, quoique les semences livrées à la terre avant l'hiver donnent de meilleurs produits. Pendant la végétation et au moment de l'élancement des tiges, on le sarcle, on le bine et on espace les pieds par des retranchements.

CAMELINE. — La cameline, comme la navette d'été, se plaît dans les terrains légers; elle se sème et se récolte de même, brave les insectes, et ne souffre pas de la sécheresse. Son produit est avantageux, comparativement à la valeur du terrain qui la produit.

VICES RÉDHIBITOIRES.

Un vice feint en fait deux.

On désigne par le nom de vices rédhibitoires certaines maladies ou certains vices auxquels les animaux sont sujets, que le vendeur a intérêt de cacher, que l'acheteur ignore, et qui donnent à celui-ci le droit de réclamer l'annulation du marché consommé et la restitution du prix de l'animal. Autrefois l'action de garantie était réglée par les usages des provinces; ces usages n'admettaient qu'un petit nombre de cas; et encore les vices reconnus rédhibitoires variaient-ils suivant les lieux.

A cette jurisprudence erronée, le Code civil et la loi promulguée en 1840 ont substitué une règle générale qui fixe d'une manière très-précise les conditions qui doivent donner à un vice la qualité de rédhibitoire.

En voici les dispositions :

LIVRE III, TITRE VI, CHAPITRE IV, SECT. III.

De la Garantie.

« ARTICLE 1625. — La garantie que le vendeur doit à l'acquéreur a deux objets : le premier est la possession paisible de la chose vendue ; le second, les défauts cachés de cette chose ou les vices rédhibitoires. »

SECTION II.

De la Garantie des défants de la chose vendue.

« ARTICLE 1641. — Le vendeur est tenu de la garantie à raison des défauts cachés de la chose vendue qui la rendent impropre à l'usage auquel on la destine, ou qui diminuent tellement cet usage, que l'acheteur ne l'aurait pas acquise ou n'en aurait donné qu'un moindre prix, s'il les avait connus.

» ART. 1642. — Le vendeur n'est pas tenu des vices apparents et dont l'acheteur a pu se convaincre lui-même.

» ART. 1643. — Il est tenu des vices cachés,

quand même il ne les aurait pas connus, à moins
que, dans ce cas, il ait stipulé qu'il ne sera
obligé à aucune garantie.

» ART. 1644. — Dans les cas des articles 1641
et 1643, l'acheteur a le choix de rendre la chose
et de se faire restituer le prix, telle qu'elle sera
arbitrée par experts.

» ART. 1645. — Si le vendeur connaissait les
vices de la chose, il est tenu; outre la restitution
du prix qu'il en a reçu, de tous les dommages
et intérêts envers l'acheteur.

» ART. 1646. — Si le vendeur ignore les vices
de la chose, il ne sera tenu qu'à la restitution
du prix, et à rembourser à l'acquéreur les frais
occasionnés par la vente.

» ART. 1647. — Si la chose qui avait des
vices a péri par suite de sa mauvaise qualité, la
perte est pour le vendeur, qui sera tenu, envers
l'acheteur, à la restitution du prix et autres dé-
dommagements expliqués dans les deux articles
précédents ; mais la perte arrivée par cas for-
tuits sera pour le compte de l'acheteur.

» ART. 1648. — L'action résultant des vices
rédhibitoires doit être intentée par l'acquéreur
dans un bref délai . suivant la nature des vices
rédhibitoires et l'usage du lieu où la vente a
été faite.

» ART. 1649. — Elle n'a pas lieu dans les ventes faites par autorité de justice. »

Cette année 1840, le gouvernement a promulgué une loi sur la garantie et les cas rédhibitoires qui complète la législation en cette matière ; en voici les articles :

« ARTICLE 1er. — Sont déclarés vices rédhibitoires et donneront seuls ouverture à l'action résultant de l'article 1641 du Code civil, dans les ventes ou échanges des animaux domestiques ci-dessous dénommés, sans distinction des localités où les ventes et échanges auront lieu, les maladies ou défauts ci-après, savoir :

» *Pour le cheval, l'âne et le mulet :* La fluxion périodique des yeux, l'épilepsie ou mal caduc, la morve, le farcin, la phthisie pulmonaire et vieille courbature, l'immobilité, la pousse, le cornage chronique, tic sans usure de dents, les hernies inguinales intermittentes, la boiterie intermittente pour cause de vieux mal.

» *Pour l'espèce bovine :* La phthisie pulmonaire ou pomelière, les suites de la délivrance, le renversement du vagin ou de l'utérus après le part chez le vendeur, l'épilepsie ou mal caduc.

» *Pour l'espèce ovine* : La clavelée : cette maladie reconnue chez un seul animal, entraînera la rédhibition de tout le troupeau ; le sang de rate : cette maladie n'entraînera la rédhibition du troupeau qu'autant que, dans le délai de la garantie, la perte constatée s'élèvera au quinzième au moins des animaux achetés.

» Dans ces deux cas, la rédhibition n'aurait lieu que si le troupeau portait la marque du vendeur.

» *Pour le porc :* La ladrerie.

» ART. 2. — Le délai pour intenter l'action rédhibitoire, sera, non-compris le jour de la livraison :

» De trente jours pour le cas de fluxion périodique des yeux et de l'épilepsie ou mal caduc.

» De neuf jours pour tous les autres cas.

» ART. 3. — Si l'animal a été conduit, dans les délais ci-dessus, hors du domicile du vendeur, les délais seront augmentés d'un jour par trois myriamètres de distance du domicile du vendeur au lieu où se trouve l'animal.

» ART. 4. — Si, pendant la durée des délais fixés par l'article 2, l'animal vient à périr, le vendeur ne sera pas tenu de la garantie, à moins que l'acheteur ne prouve que la perte de l'animal provient de l'une des maladies spécifiées dans l'article 1er.

» ART. 5. — Le vendeur sera dispensé de la garantie résultant d'une maladie contagieuse, s'il prouve que l'animal a été mis en contact avec des animaux atteints de cette maladie.

» Sont réputées maladies contagieuses : la morve et le farcin pour le cheval, l'âne et le mulet ;

» La clavelée pour la race ovine. »

BINAGE.

—

HOUE A CHEVAL.

Le binage est une espèce de labour qu'on exécute pendant la croissance des plantes cultivées, et son but est à la fois d'améliorer la récolte présente et de préparer le sol pour les récoltes suivantes.

Cette opération est certainement très-utile, en brisant la surface de la terre, si elle s'était durcie; en favorisant l'introduction de l'air et de l'humidité dans le sol, en améliorant sa texture, en s'opposant à la multiplication des mauvaises herbes qui sont le plus grand ennemi des terres cultivées. Cependant cette opération ne dispense pas de la nécessité d'une jachère complète lorsque les mauvaises herbes se multiplient par leurs racines et deviennent très-abondantes.

Des cultivateurs distingués considèrent les binages à la houe à cheval comme plus utiles que les labours eux-mêmes. Ils prétendent que lorsqu'on laboure la terre à la charrue, elle ne tarde pas à se durcir; tandis qu'avec les binages on la maintient toujours dans un état meuble et pulvérulent; qu'en conséquence, les binages conservent de l'humidité aux plantes, même dans les sécheresses; leur sécheresse absorbe les rosées en proportion de l'état d'ameublissement du sol, et que les plantes qui croissent et prospèrent dans un terrain non ameubli souffrent et périssent si le sol est durci et forme une croûte impénétrable.

Il est donc aujourd'hui bien démontré que le binage est une opération fort utile si elle est faite en temps et lieu; mais que, dans le cas contraire, elle peut devenir dangereuse.

Elle est utile lorsque les plantes sont jeunes; car, lorsque la croissance est avancée, elle ne peut plus produire de nouvelles racines, la croissance peut être arrêtée. La houx à cheval est donc un des instruments de labourage les plus utiles.

On suppose les labours en planche et les hersages à la herse à dents de fer en long et en travers, sans regarder derrière soi. C'est-à-dire qu'on laisse la terre presque dépourvue de sa végétation.

CRÉDIT AGRICOLE.

Écarter les objets qui s'opposent aux améliorations agricoles, et encourager les connaissances utiles·

BACON.

Il n'y a pas de devoir plus impérieux pour le Gouvernement, et rien ne pourrait être plus avantageux pour le cultivateur que de rechercher quels sont les obstacles aux améliorations qui se rencontrent surtout dans les lois.

Rendre les nôtres sur l'agriculture conformes à celles du commerce et de l'industrie sous le rapport du crédit, serait un grand bien; car on ne comprend pas que la campagne soit restée complétement en dehors concernant le crédit agricole. Celui qui a été créé, remboursable par des annuités, n'ayant pas réussi, c'est une institution à recommencer.

Bacon a dit que l'instruction est une puissance des diverses espèces de puissances dont ce grand philosophe présente l'énumération, afin de produire d'abondantes récoltes, d'obtenir

des succès en commerce, en industrie et en
agriculture ; mais il n'y a probablement aucune
industrie dans laquelle une grande variété de
connaissances ne soit d'une plus haute importance que l'agriculture. L'instruction nécessaire
pour la porter à un certain degré de perfection
est beáucoup plus étendue qu'on ne le croit,
quand il s'agit de la pousser au plus haut degré
de fertilité du sol, à commencer par les écoles
primaires.

Je voudrais voir dans tout notre arrondissement, comme ailleurs, avant de terminer ma
longue et laborieuse carrière, toutes les terres
en rapport, en été comme en hiver. Je voudrais
voir enfin le crédit agricole organisé sur un
bon pied, pour la prospérité de tout le pays, qui
aurait bientôt changé.

CHEVAUX.

Par le régime, on change un lion en agneau.

Il existe diverses races de cet élégant et superbe animal, que Buffon considère comme la plus belle conquête que l'homme ait faite sur la nature.

La France possède plusieurs variétés remarquables et plus ou moins importantes, parce qu'elles sont propres ou à la selle, ou au carrosse, ou au service du labourage.

Les meilleurs chevaux de course ou de selle sont ceux de la Plaine, d'Alençon, du Limouzin, du Périgord et de l'Auvergne.

Les meilleurs pour la voiture et le labourage sont ceux de la Bretagne, des Côtes-du-Nord, et du Morbihan, surtout pour leur solidité.

L'âge où le cheval est le plus propre au service est de cinq à douze ans.

Lorsque les dents incisives sont poussées, la belle proportion des parties est ordinairement un indice assez certain des bonnes qualités. Cependant on peut s'y tromper quelquefois. Il faut donc s'attacher principalement à reconnaître sa force, son intelligence et sa vivacité. On pourra le considérer comme solide si, après un travail prolongé, il conserve de la vivacité et de la gaîté, s'il ne sue pas trop. Il importe, pour l'entretien de ses forces, qu'il mange bien et qu'il se nourrisse suffisamment. Son service en sera meilleur, s'il n'a pas le tic, s'il n'est pas ombrageux, s'il est doux et docile.

L'élégance convient sans doute au cheval de selle, ainsi que la légèreté et la vigueur ; mais il faut au cheval de trait de l'ampleur dans toutes ses parties, beaucoup de force, des reins plus gros et des épaules plus prononcées.

Le cheval de somme, pour bien remplir sa destination, aura le garrot très-développé, le dos court, l'échine droite et tous les membres solides.

Voici ce que dit M. Huzard, directeur du haras, qui a publié de judicieuses observations sur le cheval :

« Le cheval dont la tête et l'encolure sont trop longues, pèse à la main, fatigue le cavalier ou le cocher, porte bas et s'use promptement sur son devant. Celui dont le corps est trop court, est dur sous l'homme, a les reins raides, allonge peu au trop, tourne difficilement et est ordinairement dur de bouche. Quand, au contraire, le corps est trop long, le cheval se berce ; il est presque toujours ensellé : il a les reins faibles et est d'autant plus sujet aux efforts de cette partie, que les muscles ont une plus grande résistance à vaincre pour ramener en avant le train de derrière, surtout lorsque, en même temps, il faut tirer et porter un fardeau. Celui dont le devant est trop bas, toujours surchargé du poids du train de derrière, ne peut quitter le terrain, est sujet à butter ; il forge : il est dangereux pour le cavalier, qu'il met à chaque instant dans la crainte de tomber. Si le devant est trop haut ou le derrière trop bas, le cheval trotte sous lui, le train de derrière ne peut chasser celui de devant ; la facilité d'enlever cette partie et la difficulté de faire quitter le sol à celui de derrière l'obligent à se défendre, à se cabrer, à se renverser même quelquefois ; il en est de même lorsque les jambes sont trop fortes ou trop faibles. »

Ce petit nombre d'exemples suffira pour faire sentir les avantages d'un cheval bien proportionné sur celui qui pèche par excès ou par défaut dans quelques-unes de ses parties.

Pour obtenir de beaux produits, il faut donner à la jument, lorsqu'elle est en chaleur, un étalon qui, pour la race, la taille et les qualités, puisse lui convenir. Au bout de huit jours de monte, elle refuse si elle est pleine. Dès qu'elle reçoit, elle n'a pas conçu. Elle porte onze ou douze mois. On surveille alors, afin de pouvoir assister la jument pendant sa mise bas, qui pourrait être laborieuse. Quelque temps avant, on lui donne une bonne nourriture et on cesse de la faire travailler. Comme la jument, pour mettre bas, ne se couche pas ordinairement, il est à propos de lui donner une litière copieuse. Aussitôt qu'elle a pouliné, on la bouchonne doucement, on la couvre et on la laisse tranquille. On lui donne quelques seaux d'eau blanche tiède, une ou deux bouteilles de vin, ou trois à quatre de cidre.

Quand le poulain est faible et ne se détermine pas à teter, on lui fait avaler quelques verres de vin trempé tiède, et, une heure ou deux après, le lait de sa mère frais trait. Au bout de huit jours, la jument peut être employée au travail.

Si, par quelques circonstances, le poulain se trouvait privé de l'allaitement de la mère, il serait bon de lui donner du lait comme nous avons prescrit pour les jeunes veaux, et la jument copieusement nourrie.

Pour obtenir du cheval un bon et durable service, il ne faut pas le faire travailler trop jeune. Ce n'est qu'à trois ou quatre ans qu'on doit l'employer.

Les chevaux fins ne devraient même pas servir avant cinq ou six ans.

Avec de la douceur, par degrés, on accoutume les jeunes chevaux à recevoir le bridon, la bride, la sangle, la selle, la croupière ; à laisser lever les pieds, et à traîner un chariot, en douceur d'abord, ensuite au trot et au galop.

Les chevaux plus difficiles seront domptés par la faim et les corrections, quand la douceur et la patience n'auront pas suffi. Le foin, l'herbe du pâturage, sont les nourritures ordinaires du cheval ; on joint au foin de la paille hachée, des balles des céréales légèrement mouillées, un peu d'avoine, du son faiblement humecté, de l'orge concassée, des carottes, du maïs, des turneps, etc., etc.

La meilleure eau pour les animaux est l'eau pure et fraîche des rivières, des étangs, des ruisseaux et des mares. L'eau de puits a l'inconvénient d'être crue ; mais, à défaut d'autre, on s'en sert. Quand il fait chaud, ne pas la leur donner à la sortie du puits.

Le cheval doit être bien nourri, mais il rendrait peu de services s'il était gras. Il a besoin d'exercice, mais la fatigue l'épuise.

On châtre les chevaux de plusieurs manières : par l'application du feu après l'amputation des testicules ; par la ligature des cordons spermatiques, avant l'amputation ; par l'application des billots sur les cordons.

Cette dernière méthode est la meilleure et la moins dangereuse. Cependant elle doit être opérée par un habile vétérinaire.

COCHONS.

—

Il n'est pas d'animal dont on puisse tirer un plus grand parti ; tout son corps est susceptible de recevoir des emplois utiles, et se présente sous diverses formes à la table des riches comme à celle des pauvres. C'est surtout à la campagne qu'il est indispensable d'en nourrir, puisque sans lui une foule de déchets seraient perdus, et d'en avoir dans le saloir, puisque sa chair se conserve toute l'année, et leste mieux, pour les travaux pénibles, que les autres viandes, dont on ne saurait d'ailleurs disposer longtemps pendant les grandes chaleurs.

Nos races sont robustes. Le cochon mange de tout sans choix, et vit dans tous les climats sans y souffrir. Nous ne nous occuperons que des variétés que possède la France.

Le cochon normand se fait remarquer par ses oreilles pendantes, sa tête petite, son front enfoncé, son groin élargi et saillant. Il est de couleur blanche ; son corps est long et épais,

ses ossements petits. Il est susceptible d'acquérir un poids de 2 à 300 kilogr. La race poitevine
présente une tête longue et assez grosse, le front
saillant, l'oreille large et pendante , les pieds
gros, les os forts, le corps allongé, les soies
épaisses et rudes. Ce cochon peut peser de 200 à
250 kilogr.

Le cochon craonnais est également très-recherché dans nos environs, et a beaucoup de rapport avec le cochon normand.

A la vérité, le cochon paît l'herbe de nos pâturages et des prairies artificielles ; mais il se
nourrit des déchets du jardinage, de la cuisine
et de la laiterie, des chairs d'animaux, de poissons, de marcs, des résidus des pressoirs, des
brasseries, des distilleries, des amidonneries,
des huileries et des fonderies de suif.

Ainsi, quelle que soit la nature du terrain que
l'on habite, si l'on a beaucoup d'issues à sa disposition , on peut partout le nourrir et l'engraisser parfaitement. Il est donc à propos de
faire choix de la plus forte race, de celle qui
peut acquérir un plus grand volume de chair,
de lard et de graisse.

Quoi qu'on en dise, le cochon aime la propreté ; elle lui fait bien. Ce n'est que pour se

défaire des insectes qui le tourmentent et des démangeaisons qu'il éprouve, qu'on le voit chercher la fange et se laver de temps en temps ; il se trouverait bien d'être lavé, puisqu'on le débarrasserait ainsi des poux qui le rongent. On croit à tort aussi que la truie est disposée à manger ses enfants, parce qu'on remarque qu'elle se jette sur son délivre pour le dévorer ; mais la vache et aussi les autres femelles en font autant : elles mangent sans inconvénient, peut-être même avec un résultat avantageux, leurs délivres.

Pour avoir de beaux produits et en retirer tout le bénéfice désirable, on choisit un beau verrat dans l'une des variétés que nous avons signalées.

Il doit être fort et âgé d'un an à dix-huit mois; il peut servir pendant trois années et suffire à vingt truies.

Toutefois, on préfère, dans la plupart des exploitations, employer le verrat de dix à dix-huit mois, et le châtrer ensuite, parce qu'il devient féroce au-delà de cet âge, et que d'ailleurs sa chair serait moins bonne si on tardait plus longtemps à lui faire subir la castration.

La truie devra être forte, longue, grosse, large

des reins et des épaules, présentant un ample ventre et seize mamelles. Il est à désirer en outre que son caractère soit doux et ses habitudes tranquilles.

On apprécie beaucoup dans le pays la race craonnaise.

EMPLOI DES ENGRAIS

EN COUVERTURE.

Aidons-nous toujours, le ciel nous aidera.

Toutes ces espèces d'engrais qu'on emploie en petites quantités, comme les tourteaux d'huile, les touraillons, le noir, le guano, etc., etc., se répandent généralement sur la surface du sol ; c'est ce qu'on appelle couverture. On a prétendu qu'un tiers ou la moitié d'une quantité donnée de fumier appliquée de cette manière aux grains et aux plantes, en saison convenable et pendant le cours de leur croissance, serait plus utile à la récolte que la totalité de l'engrais appliquée au moment de la semaille.

Dans les sols légers, les engrais sont facilement entraînés par les pluies ; de là l'utilité de les employer comme couverture au moment de la semaille ou peu de temps après (1). Le fro-

---

(1) Nous les employons avant le binage du mois de mars.

ment et les autres céréales tirent une partie de leur nourriture par des racines qui s'enfoncent profondément dans le sol ; mais ces plantes poussent aussi d'autres racines superficielles qui tirent beaucoup de nourriture des couvertures qu'on applique en cette saison et que les pluies entraînent dans la terre. Les couvertures sont de peu d'utilité pour améliorer la texture du sol, et il est rare que leurs effets se fassent sentir pendant plus d'une ou deux années ; mais, dans beaucoup de cas, le succès de la récolte dépend de leur application.

Sir John Saint-Clair rapporte qu'en 1820, en Angleterre, M. Wigful avait une récolte de jeune froment qui pendant tout l'hiver était dans un état misérable et semblait avoir grand besoin de secours. Dans le mois de mars, il lui donna une couverture du mélange suivant : 27 kilogrammes de nitre commun réduit en poudre, bien mélangé avec deux hectolitres de bonne terre par hectare, dont il avait auparavant éprouvé l'efficacité pour exciter la végétation des plantes dans ses jardins. Il n'y a rien de plus surprenant que les effets qu'il produisit sur le froment. Dans les bonnes terres, 39 hectolitres et demi par hectare, là où la récolte présentait auparavant la

12.

plus mauvaise apparence. Un autre fermier a fait l'essai de ce mélange sur ses céréales de printemps et d'hiver, et avec autant de succès. M. Wigful pense que lorsque les récoltes se comportent mal, l'emploi judicieux de ce mélange peut être d'une valeur incalculable pour les agriculteurs et pour le public.

SULFATE D'AMMONIAQUE.

Ayant eu connaissance qu'en Normandie le sulfate d'ammoniaque, comme fumure, était employé, j'ai voulu m'en assurer, et voici ce qu'on m'a écrit: la quantité de sulfate d'ammoniaque comme engrais est de 150 à 300 kilogrammes par hectare, selon la qualité de la terre : si elle est légère, il en faut peu; si elle est lourde et froide, on peut aller jusqu'à 400 kil. par hectare, mais c'est le maximum. Pour employer ce produit, on le mêle à de la terre et on le sème en mars ou avril. Si on veut l'employer liquide, en arrosement, on en met dans de l'eau la quantité nécessaire pour avoir un degré ou un degré et demi au pèse-sel. Mon premier essai n'ayant pas réussi, c'est à recommencer.

DES PLANTATIONS

EN CLOTURE.

Je faisais des plantations d'abord pour orne-
ment, et il est arrivé qu'elles sont devenues
peut-être ma plus belle spéculation, attendu
qu'elles ne m'ont coûté que la main-d'œuvre, à
cause de mes pépinières, et cela en travaux
d'hiver, époque où l'on ne manque jamais de
monde à prix réduit. Il n'en est pas ainsi des
travaux d'été ; car, sans ma faucheuse moisson-
neuse et batteuse mécanique, aujourd'hui mes
récoltes en souffriraient. Les bras manquent
réellement à la campagne, on en a fait connaître
la cause.

J'ai certainement planté, dans l'espace de
trente-trois ans, plus de 20,000 pieds d'arbres
de toute espèce, fruitiers et forestiers en clôtures, en avenues, des peupliers en rideaux sur
les rigoles d'écoulement d'eau dans les prairies,

sans nuire aucunement à ma propriété ; au contraire, j'ai obtenu cet abri indispensable contre les gelées et les vents de l'ouest, vents salés si contraires et si pernicieux aux récoltes d'hiver (exemple l'hiver 1864). Aussi ai-je continué à le faire et, le dirai-je, j'ai exploité des peupliers, espèce de la Caroline, qui, à 24 ans, m'ont donné l'un pour 40 francs de très-belles planches.

Dans la moyenne, à trente ans, 25 à 30 fr.

A l'appui de mes assertions, je citerai l'opinion du célèbre agronome sir John Sinclair, qui disait :

« 1° Les plantations en clôtures seules peuvent poser les fondements de la fertilité future des terres incultes, en abritant ainsi le sol et en le défendant des atteintes du bétail ; il permet aux bonnes plantes naturelles de végéter plus vigoureusement que si le champ était laissé ouvert ou sans abri, et, au moyen du fumier qu'y dépose le bétail qu'on y met en pâture et le dépouillement des feuilles, le sol s'enrichit graduellement et devient enfin propre à produire une série de récoltes plus abondantes.

» 2° Lorsque le sol est humide; les fossés de clôture le dessèchent, en même temps qu'ils peuvent servir à y amener de l'eau courante,

dans les situations où on peut l'employer uti-
lement.

» 3° Dans les climats et les situations froides,
les effets que produisent les clôtures, en favorisant la végétation au moyen des abris qu'elles
fournissent, sont à peine croyables pour les
personnes qui n'en ont pas l'expérience : dans
un canton montagneux où on a adopté ce
plant, le climat est devenu plus doux, le sol
plus productif, les fermiers plus aisés, et quelques-uns sont devenus assez riches pour pouvoir acheter leur ferme.

» 4° Dans les pâturages, les avantages des
clôtures sont de la plus haute importance. Le
cultivateur est jusqu'à un certain point dé-
barrassé de la forte dépense nécessaire pour
faire garder son bétail, et il devient le maître
de placer ses bestiaux selon leur âge et leur
état. Les bêtes au pâturage sont non-seulement
exemptes de la fatigue que leur causent souvent
les chiens ou des passants en les tourmentant,
au moyen de quoi elles profitent beaucoup plus
que dans le même pâturage non clos. L'herbe, à
cause de la chaleur et de l'abri, est plus hâtive
et plus abondante lorsqu'elle est protégée par
des clôtures, que dans un sol d'une situation

semblable mais sans abri. Le bétail pendant l'été souffre moins de la chaleur, et dans les temps froids il est protégé contre les vents, et trouve des places abritées où il peut prendre du repos et ruminer. Les bêtes, étant plus tranquilles, ne piétinent pas autant le sol dans les temps humides. D'après ces avantages, joints à celui très-important aussi de pouvoir faire passer le bétail d'un champ dans un autre pour lui procurer un pâturage frais, les nourrisseurs de bétail expérimentés se font une très-haute opinion de l'utilité des clôtures.

» 5° Dans la culture des terres arables, les clôtures procurent divers avantages solides. Lorsque les champs sont ouverts, ils sont sujets aux anticipations qu'on évite par les clôtures; on devient ainsi le maître d'adopter une rotation correcte et profitable et de recueillir ses récoltes avec sûreté : une augmentation de produits est une conséquence nécessaire de ces avantages. Cependant lorsque la culture des grains est l'objet principal, les enclos doivent être d'une grande étendue, et puis le bois des chênes qui croissent dans les clôtures est plus estimé que tout autre pour la marine, fournissant des pièces

courbes nécessaires à la construction des bâtiments de guerre (1).

» 6° La seule apparence des clôtures présente
l'idée de l'aisance, de la richesse et de la sécu-
rité; aussi les propriétaires ne manquent jamais
de trouver des rentes élevées pour des terres
bien closes. Le fermier est si convaincu des
avantages qu'il tire des clôtures, qu'il lui arrive
souvent d'y contribuer à ses frais pendant la
durée de son bail.

» 7° Les clôtures contribuent aussi, par le
moyen des fossés, à rendre le climat d'une contrée plus sèche et plus saine, tandis que le voisinage des champs ouverts au commun tend à
accroître la rigueur du climat. »

J'exploite aujourd'hui en grand les arbres
forestiers en clôtures et autres; je puis donc
dire que c'est une très-belle spéculation, et je
suis étonné qu'on ne plante pas en clôtures les
landes de Bretagne.

---

(1) Oui, mais on les écouronne à 5 ou 6 mètres.

DE LA SAISON ET DE LA FAÇON

DE TRANSPLANTER LES ARBRES.

L'arbre qu'on a planté rit plus à notre vue
Que le parc de Versailles et sa vaste étendue.
JOHN SINCLAIR.

On doit choisir plutôt l'automne que le printemps pour la plantation des arbres ; à cette époque, les terres sont en bonne disposition. Resserrées par les pluies de l'hiver, elles se lient étroitement aux racines, et quand la sève commence à agir, l'arbre ne tarde pas à donner des preuves de sa vigueur. Une journée couverte et sombre et un air tempéré conviennent à la transplantation. En adoptant cette mesure, les racines ne peuvent pas être atteintes par le froid, la trop forte chaleur ou le hâle.

Il faut apporter un soin particulier à l'extirpation des mauvaises racines, et faire en sorte de ne pas les déchirer. On les enlèvera aussi longues qu'il sera possible, ayant la précaution de ne point dégager le chevelu de la terre qu'il retient.

Si les tiges restent quelque temps privées du sol qui doit les recevoir, on ne doit pas négliger d'en garantir les racines avec de la paille mouillée.

Avant la plantation de l'arbre, on coupe légèrement l'extrémité des racines. On doit enlever sans regret celles qui seraient desséchées ou trop offensées. Il faut aussi parer la tête de l'arbre. Le soin qu'on a déjà pris de pincer la greffe à sa naissance, a donné au sujet une forme convenable. Parmi les nombreuses branches dont il est orné, on choisit celles qui offrent le plus de régularité, et on les coupe au troisième œil. Ce travail est délicat, et c'est de lui que dépend le sort de l'arbre ; car sa vie est dans sa tête et ses racines.

MANIÈRE DE TAILLER LES ARBRES FRUITIERS.

Comme on ne taille les arbres fruitiers que pour les rendre beaux et féconds, il ne faut pas oublier que leur beauté dépend de leurs boutons à fleurs, et leur fécondité de leurs boutons à bois, et qu'on est souvent exposé à avancer une de ces qualités aux dépens de l'autre, si le temps n'est pas arrivé pour distinguer facilement ces deux espèces de boutons.

C'est à cette époque que le succès de la taille n'est pas douteux, c'est-à-dire depuis le mois de novembre jusqu'au mois de mars.

L'arbre transplanté, comme on l'a dit précédemment, est environné de rameaux qui constituent sa forme, et qui, plus tard, donneront naissance à beaucoup d'autres ; chacun de ces rameaux en produit au moins un autre. Au mois de février, on taille les plus forts et les mieux exposés, toujours d'une manière relative à leur vigueur. Si on le désire, on peu conserver, sans danger, quelques petites branches qu'ainsi l'on peut rendre propres à engendrer des fruits. Il ne faut pas oublier de couper les petites parties de bois mort, comme aussi d'élaguer les endroits trop touffus. Alors la nature fait le reste, et la sève, s'infiltrant dans les extrémités, y fait croître les tiges propres au développement et à la richesse de l'arbre.

MANIÈRE DE TAILLER UN JEUNE ARBRE.

Dans la taille d'un arbre on doit viser à l'uniformité de croissance et d'embonpoint, et donner à la sève une direction égale. Il faut, en outre, maîtriser l'ambition de l'arbre et en prévenir le dépérissement.

Lorsqu'il est âgé d'un an, on ne doit pas toucher aux branches qui présentent une égale vigueur. Celle qui paraît trop lourde doit être enlevée, comme aussi celles dont la trop rapide croissance porterait toute la force de l'arbre d'un seul côté. Les petites branches conservées trouveront leur accroissement dans la destruction des autres.

On voit par là l'utilité de maintenir une juste proportion. Les tiges épargnées sont ensuite dirigées dans la ligne qui leur est convenable, et ce premier pli sert de base pour l'avenir.

A la seconde année, au mois de février, il faut tailler ces branches de trois à huit pouces, relativement à leur vigueur.

Au mois de mai, si la tige a produit une branche trop hâtive, il faut l'enlever. Au mois de juin, s'il existe encore une branche trop généreuse, il est utile de la pincer à son principe, mais sans la retrancher cette fois-ci.

Parvenu à sa troisième année, l'arbre doit être taillé à dix ou onze pouces dans ses branches robustes, et à quatre ou six dans les ordinaires. Ses petites branches servent à comprimer un trop grand élan dans la sève, comme aussi on les supprime quand l'arbre est trop faible.

Dans sa quatrième année, l'arbre, parvenu à l'état de donner des fruits, exige qu'on l'entoure des mêmes soins. On détruit alors les branches gourmandes, on précipite par une légère taille celles qui ont trop de lenteur, on débarrasse celles où est la principale vie de tous les jets malfaisants qui pourraient les gêner. Alors l'arbre comble les espérances de celui qui l'a cultivé, et n'a plus besoin que d'être déchargé, de temps en temps, de quelques branches latérales qui ne lui étaient nécessaires que pour ralentir la fougue de ses premiers ans.

En fait de plantations en clôture, on remarque les plus belles possible sur la ferme régionale de Grand-Jouan, si bien administrée par M. Rieffel, directeur, ferme parfait modèle pour de grandes exploitations ; on y remarque toutes sortes d'essences, entre autres de jeunes châtaigniers greffés de très-belle venue.

Quel bel aspect si toutes les landes de Bretagne étaient plantées en clôture de la même manière ! On augmenterait considérablement les produits, à cause de l'abri contre les vents de l'ouest, si pernicieux, et du dépouillement des feuilles, chose très-importante encore ; sans compter la valeur du bois obtenu en dormant, dans l'espace de 25 à 30 ans.

J'ai aussi de beaux châtaigniers de 80 centi- mètres de circonférence venus sur semis en moins de 30 ans, qui donnent de très-belles châ- taignes, et de belles espèces de pommes venues également sur des arbres de semis qui rappor- tent beaucoup plus tôt, n'étant pas retardés par l'effet des greffes, qui, d'ailleurs, manquent sou- vent sur le châtaignier. Ce qui prouverait qu'on peut toujours se dispenser de greffer en semant des plus belles espèces de châtaignes et des pepins de l'espèce de pomme qu'on veut obtenir.

ANNUAIRE AGRONOMIQUE

ET HORTICOLE.

A nos jeux, à nos plaisirs que le travail s'unisse.

JANVIER.

SOINS A DONNER AU BÉTAIL. — Nous sommes maintenant dans la saison la plus rude de l'année ; aussi les soins que réclame le bétail, surtout les vaches laitières, qu'on est obligé de nourrir à l'étable, ne sont pas sans intérêt : on alternera les fourrages secs avec des racines de betterave principalement, car les choux ne profitent aux cultivateurs qu'à l'automne, et au printemps surtout des farineux de grenailles à l'eau tiède. Après le part, on donnera à la vache une nourriture plus substantielle et moins rafraîchissante pendant les premiers jours.

AGRONOMIE. — Empierrement pour réparer les chemins ; labours pour les semailles de printemps ; transport du fumier : l'enterrer frais sur les terres destinées aux plantes sarclées. Entretient des rigoles d'écoulement. Il est bon de tenir un cahier de notes sur lequel on inscrira tous les jours l'époque des semailles, ainsi que l'état de la végétation des ensemencés.

JARDINAGE. — Lorsque la terre n'est pas trop humide, on sème des petits-pois espacés de 15 à 20 centimètres ; il en est qu'on sème plus épais : on les place dans des lignes de 5 à 6 centimètres, on les recouvre de 3 à 4 centimètres.

C'est à la fin de janvier ou au commencement de février, ou mieux en septembre, que se font les semis d'oignons et choux, qui doivent être repiqués en mai sur des terrains légers et surtout abrités. Quand les gelées ne sont pas fortes et que la terre n'est pas trop humide, on peut transplanter les choux-pommes et autres.

FÉVRIER.

BÉTAIL. — Il y a des années où, dans ce mois, la température est douce ; le gazon commence à verdir, mais l'herbe est encore très-peu abondante : cependant le peu qu'il y a est une ressource pour le cultivateur dont les fourrages sont épuisés ; mais, sans y compter beaucoup, on ne doit pas moins continuer à donner aux

vaches laitières à l'étable une nourriture substantielle accompagnée de racines. Toujours
boissons tièdes mélangées de farine ou de son.
Après un mois de nourriture au lait pur, on
commence à donner aux jeunes veaux que l'on
désire élever le lait écrémé, mélangé avec de la
farine d'orge ou de fève et féverole.

AGRONOMIE. — *Soins à donner aux prairies* —
On cure les fossés d'écoulement, on répand le
fumier consommé sur les prairies ; étaupiner et
détruire les taupes.

On procède aux premières semailles de printemps, telles que féveroles, petits-pois, vesce,
avoines, etc.

JARDINAGE. — On sème aussi, dans les terres
argileuses, les fèves de marais, en lignes espacées de 40 à 50 centimètres, en laissant 12 à
15 centimètres entre chaque graine, recouverte
de 6 à 8 centimètres.

L'ameublissement du sol est l'opération la
plus importante du jardinage.

La profondeur du béchage et sa bonne exécution exercent aussi une grande influence sur la
réussite des plantes potagères.

MARS.

BÉTAIL. — Ce mois est souvent le plus pénible à passer. Les provisions d'hiver sont épuisées et les fourrages du printemps sont à peine ensemencés ; ceux qui ont été semés en automne sont encore très-courts. En général, mars est sec et aride, et la température, loin de provoquer le développement de la végétation, au contraire l'annihile ; aussi doit-on continuer aux vaches laitières les rations hivernales et les boissons ordinaires.

AGRONOMIE. — *Prairies.* — On irrigue avec les eaux pluviales les prairies ; on répand aussi les engrais pulvérulents, tels que cendre, noir animal, guano, terreaux, etc.

Semaille d'avoine, froment de printemps , trèfle commun, vesce, jarosse ; graine de prairie, de chicorée, de lin, et de toute espèce de graines ; greffes, etc.

Commencement de la nourriture au vert, avec les tiges de navet et de colza , vesces, jarosse, avoine, seigle, etc.

Labour pour les plantes sarclées : hersage énergique des blés.

Plantations des arbres résineux ; semis de bet-

13.

teraves et choux mille-têtes, pour repiquer en juin.

JARDINAGE — C'est en mars que la culture du jardin potager réclame toute l'activité du jardinier; car c'est dans ce mois et en avril que se font la plupart des semailles et plantations.

On plante l'oseille en bordure, en éclatant les vieux pieds; ces bordures, bien entretenues, durent 5 à 6 ans. On plante aussi les fraisiers en bordure; les semailles de petits-pois et de fèves doivent encore être faites en mars et continuer jusqu'en juin, pour les espèces tardives, de manière à ce qu'il y en ait toujours à prendre pendant la belle saison. On fait des semis de laitues, de chicorées et de toutes les graines qui forment ce qu'on nomme les fournitures, telles que persil, cerfeuil, cressonnette, etc. Ces semailles doivent être continuées de 15 jours en 15 jours jusqu'en juillet. Les premiers semis de radis peuvent se faire en mars Les semis de choux de toute espèce se sèment aussi en mars ou dans la première quinzaine d'avril : le plus sûr, au commencement de mars.

On sème quelquefois les carottes sur les planches d'oignons.

AVRIL.

BÉTAIL. — On nettoie les étables ; on réduit la ration d'hiver, même pour les vaches laitières, lorsque le fourrage vert commence ; on continue l'engraissement des veaux, et l'on ne manque pas d'élever ceux qui naissent dans ce mois ; car, en général, ils sont plus forts.

AGRONOMIE. — *Prairies.* — On commence les arrosements de printemps ; on laisse couler l'eau sur les prés pendant deux ou trois jours, puis on les met à sec pendant deux jours, car l'irrigation doit être faite avec le plus de précaution.

Vers la fin du mois, on commence à récolter du fourrage vert en abondance, tel que seigle, trèfle incarnat, jarosse, vesce, etc. On bine les féveroles ; on sarcle les pépinières de choux, de rutabagas ; lorsqu'il est nécessaire, on plante les pommes de terre. On commence à semer le maïs pour fourrage.

JARDINAGE. — Les semis indiqués pour le mois de mars se font encore en avril sur les terres argileuses et froides, car il est quelquefois avantageux d'attendre ce mois. On met en terre les porte-graines ; les navets, carottes et rutabagas peuvent même être laissés sur place. On sème les betteraves et les carottes, orge, vesce et trèfle commun.

Il est important pour les porte-graines de choux-pommes de ne pas planter trop rapprochées les plantes d'espèces ou de variétés différentes trop voisines, car les graines qu'on obtient ainsi dégénèrent promptement.

Il en est de même des betteraves et autres espèces.

Les artichauds aiment un sol riche, profond et frais.

Les semis faits en mars ont déjà besoin d'être sarclés, éclaircis et arrosés ; ces soins sont de première nécessité, et le cultivateur qui les néglige perd toujours le fruit de ses travaux. Hersage des prairies naturelles.

On bêche les asperges et on les couvre de sable.

MAI.

BÉTAIL. — Le fourrage vert remplace le sec à l'étable, on le donne abondamment ; on surveille la saillie des vaches, qui commencent à cette époque à devenir en chaleur. On a soin de choisir un bon taureau bien conformé, des premiers ordres. On voit si le bétail n'a pas besoin d'être saigné, ce qui se reconnaît aux yeux de l'animal, lesquels sont larmoyants, et au blanc de l'œil, qui est injecté de sang. On évite l'échauffement du fourrage vert, on le mélange avec du sec, haché autant que possible. On castre les veaux, et déjà on peut faire coucher le bétail dehors.

AGRONOMIE. — On arrose encore les prairies comme en avril, avec des eaux non bourbeuses. On sème encore le maïs pour fourrage ; on sarcle, on bine les betteraves qui doivent l'être trois fois, et on sème celles qui doivent rester en place ; on herse les pommes de terre, qui commencent à lever : on sème le colza, la navette, les turneps, la jarosse et les vesces d'été ; enfin, on récolte les fourrages verts, tels que le trèfle incarnat, la luzerne et autres, semés à la fin de l'été précédent. Il y a trois espèces de trèfle incarnat ; elles se succèdent dans leur maturité de mois en mois, ce qui fait qu'il est possible d'en récolter du 10 avril jusqu'au 24 juin. Ces trois variétés se sèment à la même époque, c'est-à-dire en août.

C'est en mai que se font les semailles de haricots ; ils aiment les terres légères et meubles.

Dans les terres froides et argileuses, on les sème un peu plus tard.

Les haricots qui doivent atteindre leur complète maturité se font au commencement de mai, tandis que ceux qui sont destinés à être consommés en vert, peuvent être semés jusqu'à la fin de juillet. On plante en lignes espacées de 30 à 35 centimètres, en laissant un intervalle de 8 à 10 centimètres environ entre chaque plant. Ils doivent être très-peu recouverts, et, comme ils sont exposés à pourrir, il est bon de ne les semer que sur un sol parfaitement ressuyé quand on sème le sarrasin.

Nourriture au trèfle ordinaire ; semaille de chanvre, transplantation des betteraves et des choux-navets ; semaille de maïs et pois pour fourrage.

JARDINAGE. — Après que la terre a été bien battue à la surface, on plante les oignons, dont le chevelu a été légèrement retaillé à 12 ou 15 centimètres en tous sens : les planches d'oignons ne doivent pas avoir plus d'un mètre et demi de largeur, afin de faciliter le sarclage et les binages dans les terres argileuses ; les binages sont indispensables, surtout lorsque la pluie a formé une croûte dure à la surface du sol. Les grands pois et les haricots à rame ont besoin d'être ramés aussitôt qu'ils ont atteint une hauteur de 6 à 8 centimètres. On fait les semis de choux, de rutabagas, de choux-navets et de navets en avril ; les premiers se transplantent et les navets se sèment à place sur un terrain léger. A cette époque, tous les carrés de jardinage doivent être remplis et continuellement couverts de légumes pendant toute la belle saison.

JUIN.

BÉTAIL. — La chaleur, qui dans cette saison est grande, inquiète les bestiaux ; alors, pour ménager des courants d'air dans les écuries, on tend aux ouvertures des toiles claires qui empêchent les mouches de pénétrer, et permettent à l'air de se renouveler sans cesse.

On s'occupe, comme dans le mois précédent, de savoir si le bétail a besoin d'être saigné.

AGRONOMIE. — Binage et sarclage des pommes de terre, des betteraves et autres racines ; semaille de blé-noir, fenaison des prairies naturelles et artificielles, semaille de navets, récolte de graine de trèfle incarnat ; semaille de maïs, petits pois et jarosse pour fourrage.

Ici les travaux de juin sont la continuation de ceux de mai : les plantations de choux, de betteraves, rutabagas, etc. ; les binages, sarclages et arrosements occupent presque tout le temps du jardinier pendant ce mois. On commence à procéder à la récolte des foins naturels et artificiels.

Récolte du colza pour graine.

JARDINAGE. — Les travaux de juin ne sont que la continuation de ceux du mois précédent : semailles de choux-navets et rutabagas, de radis ; plantations de choux, sarclages, arrosements pendant tout ce mois. Laitues pour les cochons, fleuraison de quelques pommiers tardifs.

On sème encore des fournitures, des choux-fleurs, des navets, des chicorées, haricot suisse, le pois Chamard et de la raiponce, de la chicorée sauvage, des radis, des épinards. Ces semis ont besoin d'abri contre le soleil. On sarcle.

JUILLET.

AGRONOMIE. — On récolte le colza ; par continuation, semaille du colza, récolte des graines de vesce ; binages des pommes de terre et des betteraves, semaille de moutarde blanche.

On livre ordinairement dans ce mois les vaches aux taureaux. Semaille de navette, de cameline, de pavot.

JARDINAGE. — On sème les choux qui doivent être plantés en octobre ou au printemps. Si les semis du mois précédent n'ont pas réussi, on les renouvelle, ainsi que le colza, s'il a été mangé par les pucerons. On recueille la fleur d'oranger le soir et le matin. Maturité des cerises blanches, bigareaux, Roquemont, Montmorency; des groseilles.

AOUT.

AGRONOMIE. — *Moissons.* — On transporte le fumier sur les champs ; on l'enterre pour les labours des récoltes dérobées. Les fruits, ainsi que les légumes, offrent aussi leurs richesses; les binages et les sarclages se continuent. On recueille les pommes et les poires précoces.

On enfouit les sarrasins cultivés pour engrais.

JARDINAGE. — Lorsque la saison est chaude, les arrosements doivent être fréquents. Les semis de choux d'York de choux-pommes, de choux communs, à la fin d'août et au commencement de septembre; on fait les semis de laitues d'hiver, qui doivent être ensuite transplantées sur des planches inclinées au midi et bien abritées au nord. Lorsque les feuilles des oignons se dessèchent, il est convenable de les arracher, et quand ils sont bien secs, on les ramasse dans les greniers. Il est important de ne pas les meurtrir; pour bien les conserver, il faut souvent les visiter.

On recueille les graines de cerfeuil, de persil, de laitue, de rave, de radis, de carotte, de betterave. On fait déjà des plants de fraisiers, qui rapporteront l'année suivante.

SEPTEMBRE.

AGRONOMIE. — On continue à semer des choux et des oignons, pour être transplantés au printemps.

Semaille des récoltes fourragères dérobées, telles que : seigle, colza, navets, vesces, etc.; récolte des pommes de terre et betteraves. On cure les mares et les fossés, on cueille les fruits pour

l'hiver, on coupe les regains, on sème l'avoine
et les vesces ; récolte de graine de trèfle, semaille de lin et récolte de betterave.

JARDINAGE. — C'est dans ce mois que se
continue la récolte des graines ; elles doivent
être récoltées par un temps sec et étiquetées
avec soin. C'est de la conservation des semences
que dépend le succès du potager.

OCTOBRE

AGRONOMIE. — Les vendanges et pressurages
continuent. C'est aussi le moment de la fabrication des poirés. On finit de cueillir les fruits ; on
continue de semer des céréales, le blé, les orges
d'hiver ; on coupe les bois secs dans les pommiers et autres arbres fruitiers. Récolte des
betteraves et des pommes de terre ; confection
des silos ; semaille de vesce ; plantation du
colza.

Semaille du froment et avoine d'hiver.

Récolte des pommes à cidre.

JARDINAGE. — Si le temps reste beau, on peut
continuer encore quelques-unes des cultures de
septembre, et même celles que l'on n'aurait pu

continuer par mauvaise température. On sème à
l'abri : des raves et des radis, du cerfeuil, des
pois d'hiver, des pois Michaud, de la laitue
crêpe, des épinards, des choux-fleurs, des choux,
des marcottes d'œillets. Si le froid est précoce,
il faut mettre en terre les oignons de jacinthe,
de tulipe, de jonquille. C'est le moment de repiquer les choux d'York et les autres choux-
pommes d'hiver, les oignons blancs.

On coupe les rameaux des asperges et on les
couvre de feuilles de pommier de préférence à
toutes autres. Ces feuilles sont celles qui donnent
le meilleur terreau.

A la fin du mois, on met dans le sable, pour
conserver, les carottes.

NOVEMBRE.

AGRONOMIE. — On commence dans ce mois à
planter toutes les espèces d'arbres fruitiers, et on
continue au printemps, si le temps est favorable.
On sème les noyaux de pêche et d'abricot ; on
continue de planter les colzas jusqu'aux glaces.
On s'occupe de l'engrais du bétail.

JARDINAGE. — On ne sème plus guère en ce

mois; mais on continue de planter dans les terres sèches, si le temps le permet. Il est convenable de semer les graines d'asperges, qui produiront des pieds plus beaux que ceux qu'on mettrait en terre au printemps. On sème les arbres verts en avril.

POIRES. — *Maturité.* — Bergamotte d'automne, crassane, saint-germain, duchesse, marquise, virgouleuse, besi de Chaumontel.

DÉCEMBRE.

AGRONOMIE. — *Pansement du bétail.* — On nettoie les étables, on pense aux labours préparatoires, et on enterre les fumiers frais. C'est aussi le temps dont le laboureur profite pour préparer et nettoyer son domaine, pour faire tout ce que les travaux antérieurs ne lui avaient pas permis de faire. La nature est tout-à-fait engourdie, à peine aperçoit-on la moindre verdure. Mais l'intempérie de la saison ne peut retenir un laboureur vigilant, et, lorsqu'il peut sortir, il va semer ses terres, couvrir de fumier le pied de ses arbres, semer à quelques abris les premiers pois. Tailler les arbres pendant qu'il ne gèle pas. Inventaire.

JARDINAGE. — On sème pois et fève de marais, que l'on couvre légèrement avec de la paille.

Dès le commencement du mois, on coupe l'oseille. Maturité des poires d'hiver.

PRONOSTICS

SUR LE

BEAU ET LE MAUVAIS TEMPS.

Les pronostics forment un vrai baromètre, tout
cultivateur fera bien de s'en pénétrer.

BUGAUD.

Si les étoiles perdent de leur clarté sans qu'il
paraisse de nuages dans le ciel, c'est un signe
d'orage.

Si les étoiles paraissent plus grandes qu'à
l'ordinaire ou plus près les unes des autres,
c'est un signe que le temps va changer.

Lorsqu'on voit des éclairs près de l'horizon sans
aucun nuage, ils sont un signe de beau temps et
de chaleur.

Les tonnerres du soir amènent un orage ;
ceux du matin, le vent, et ceux du midi, la
pluie.

Le tonnerre continuel annonce une bourrasque
ou un très-fort orage.

L'ac-en-ciel bien coloré ou double annonce
une continuation de pluie.

Les couronnes blanchâtres qui se montrent autour du soleil, de la lune et des étoiles, sont un signe de pluie.

Lorsque la pluie fume en tombant, c'est un signe qu'il pleuvera longtemps et abondamment.

Si, après une petite pluie, on aperçoit près de l'horizon un nuage ressemblant à de la fumée, c'est un signe qu'il tombera beaucoup d'eau.

Les hirondelles rasant la terre sont encore un signe de pluie.

Les nuages qui après la pluie descendent près de terre et semblent rouler sur les champs, sont un signe de beau temps.

S'il survient un brouillard après le mauvais temps, cela indique sa cessation; mais si le brouillard survient pendant le beau temps et qu'il s'élève en laissant des nuages, le mauvais temps est immanquable.

S'il paraît des parhélies (deux soleils), cela annonce de la neige et du froid.

En hiver, les éclairs sont un signe de neige prochaine, de vent ou de tempêtes.

Les nuages divisés comme la laine des brebis sur leur dos (moutonnés), indiquent, pendant l'été, du vent, et pendant l'hiver, de la neige.

Si l'horizon est dépourvu de nuages et qu'il

ne souffle aucun vent, c'est un signe certain de beau temps.

Si après le vent il survient une gelée blanche qui se dissipe en brouillard, le temps devient mauvais et malsain.

Le vent du sud-ouest est celui qui amène le plus souvent la pluie, et le vent de l'est celui qui l'amène le plus rarement.

Si la flamme de la lampe étincelle ou si elle forme un champignon, il y a grande probabilité de pluie; il en est de même lorsque la suie se détache des cheminées.

Si la braise paraît plus ardente qu'à l'ordinaire et si la flamme paraît plus agitée, c'est signe de vent.

Lorsque la flamme est droite et tranquille, c'est un signe de beau temps.

Si l'on entend de loin le son des cloches, c'est un signe de vent et de changement de temps.

Les bonnes ou mauvaises odeurs plus fortes sont un signe de pluie.

Le changement fréquent du vent est l'annonce d'une bourrasque.

Si le sel, le marbre, le fer, les vitres, deviennent humides; si les bois des portes et des fenêtres se gonflent; si les corps aux pieds de-

14.

viennent douloureux, c'est un signe de pluie et de dégel.

Les vents qui commencent à souffler pendant le jour, sont beaucoup plus forts et durent plus longtemps que ceux qui commencent pendant la nuit.

La gelée qui commence par un vent d'est dure longtemps.

Si le vent ne change pas le temps, il reste tel qu'il est.

Les chauves-souris qui se montrent en plus grand nombre que de coutume ou qui volent plus qu'à l'ordinaire, annoncent pour le lendemain un jour chaud et serein ; c'est le contraire si elles sont en plus petit nombre, entrent dans les maisons et jettent des cris.

La chouette qu'on entend crier pendant le mauvais temps, annonce du beau.

Les corbeaux qui croassent le matin annoncent la même chose.

C'est un signe de pluie et d'orage lorsque les canards et les oies volent çà et là, pendant le beau temps, en criant et en se plongeant dans l'eau.

Les abeilles qui s'écartent peu de leur ruche, annoncent la pluie ; elles l'annoncent encore lorsqu'elles arrivent en foule à la ruche avant la nuit et sans être entièrement chargées.

Si les pigeons reviennent tard au colombier, ils indiquent la pluie pour les jours suivants.

C'est un indice de mauvais temps lorsque les moineaux gazouillent beaucoup et s'appellent pour se rassembler.

Les poules qui se roulent dans la poussière plus que de coutume annoncent la pluie.

Il en est de même si les coqs chantent, le soir, à des heures extraordinaires.

C'est un signe de mauvais temps lorsque les hirondelles rasent la terre et la surface de l'eau.

Le temps est à l'orage lorsque les mouches piquent plus que de coutume.

Lorsque les moucherons se rassemblent en tourbillons avant le coucher du soleil, ils annoncent le beau temps.

Si les grenouilles coassent plus qu'à l'ordinaire, si les crapeaux sortent le soir et en grand nombre de leurs trous, si les vers de terre paraissent à la surface, si les taupes labourent plus que de coutume, si les bœufs et les dindons se rassemblent, il y a presque certitude de pluie.

Lorsque les bestiaux, et surtout les brebis, sont plus âpres à la pâture qu'à l'ordinaire, la pluie n'est pas loin.

LA CAMPAGNE.

Une retraite heureuse amène au fond des cœurs
L'oubli des ennemis et l'oubli des malheurs.

LE CARDINAL DE BERNIS.

« Ne fuyons pas les campagnes, a dit l'abbé
Tounissoux, lequel vient de produire un excellent petit ouvrage ayant pour but d'empêcher
l'émigration des campagnards vers la ville, en
même temps qu'il recommande aussi l'instruction des écoles primaires. Il est certain, dit-il,
que la désertion est grandement préjudiciable à
la morale, à la prospérité, à l'ordre social, à
l'agriculture, à l'esprit de famille surtout, et
même au véritable bien-être de ceux qui vont
chercher le paradis terrestre dans les villes (1) :
les uns, par la mauvaise conduite, la paresse,
la prodigalité, la débauche, la dépravation et le
déshonneur ; les autres, par l'appât flatteur d'un
salaire plus élevé et moins profitable ; la plu-

---

(1) Il n'y a pas de situation plus fatigante que
celle de se procurer sans cesse du plaisir.

part, enfants prodigues à Paris et autres grandes villes, isolés de parents et d'amis, vivant dans la mollesse, au jour le jour, manquant souvent du nécessaire, et finissant par ne plus trouver que la mauvaise santé, le dégoût, le chagrin et une fin malheureuse ; regrettant, mais trop tard, la famille et cette vie simple et champêtre, les lieux et les villages qui les ont vus naître. »

Voilà sans doute un tableau effrayant, mais exact, de ce que nous voyons en ville.

A côté, heureusement, il faut le dire aussi, se trouvent ces grands travailleurs intelligents, hommes de conduite et courageux, qui, dévoués au progrès et à la chose publique, faisant abnégation de leurs plaisirs, deviennent, par conséquent, sans s'en douter, l'élite de cette classe laborieuse et industrielle, les principaux moteurs enfin de nos prospérités nationales.

Tel est, sans doute, le très-beau côté de la ville, le foyer des lumières.

Le séjour des campagnes serait mille fois plus avantageux, si l'administration faisait pour les communes rurales ce qu'elle fait pour les grandes cités, sous le rapport de l'industrie et du commerce, et si, d'un autre côté, les bons propriétaires se faisaient un devoir d'occuper les ouvriers campagnards l'hiver, pour les retenir l'été, soit à des améliorations profitables, telles que plantations, reboisements, drainages, clôtures, écoulement d'eau, améliorations des chemins, des terres arables et tant d'autres travaux très-lucratifs, au lieu de les congédier sitôt la moisson faite, comme on a l'habitude de le faire.

Au surplus, tout propriétaire peut y trouver un bonheur parfait, s'il en est; c'est lorsqu'il s'occupe et sait occuper les bras à des travaux d'amélioration.

M. l'abbé Tournissoux, dont je partage les avis, donne d'excellents conseils à tous les cultivateurs, aux maires, aux curés, aux instituteurs des campagnes, sur l'instruction agricole.

IIe PARTIE.

—

ÉCONOMIE DOMESTIQUE

ET USUELLE

Par M. BIXTIO, docteur-médecin

—

Un point très-important de l'économie domestique est celui qui concerne les logements des maîtres et des gens de service, ainsi que la distribution de certains détails de la ferme, tels que la laiterie, la buanderie, le four, etc.

Ces bâtiments doivent se combiner entre eux de façon à aider aux services de la surveillance. Il convient donc que l'habitation du maître soit placée au centre de toutes les autres, afin que sa surveillance puisse continuellement s'y exercer, et que, d'ailleurs, il n'y ait du bâtiment principal à ceux destinés aux usages de l'exploitation qu'aussi peu de distance qu'il se pourra.

SALUBRITÉ D'UNE HABITATION.

L'air est en quelque sorte l'aliment le plus nécessaire à notre existence ; ce n'est jamais sans inconvénient pour la santé que nous respirons un air impur , de là naissant la plupart des maladies qui affligent l'habitant des villes et des campagnes.

Les climats, les saisons, le froid, le chaud, ont sur les hommes une influence bien sensible ; mais, comme rien ne peut nous y soustraire, le moyen le plus efficace de ne pas nous la rendre nuisible, c'est de s'accoutumer dès son enfance à la braver.

Ces réflexions doivent diriger dans le choix d'une habitation ; elles indiquent de ne pas habiter une maison récemmment construite, des chambres nouvellement blanchies ou vernies. Quant au moyen de renouveler l'air, le plus simple et le meilleur, c'est d'ouvrir de temps à autre les portes et les fenêtres, et, pour purifier l'air, de brûler du vinaigre.

ASSAINISSEMENT DES HABITATIONS HUMIDES.

On sait que l'excès d'humidité dans l'air est une des causes les plus actives d'insalubrité dans le rez-de-chaussée. On peut ajouter que cette cause de maladie détériore très-vite aussi les mûrs et les enduits.

EMPLOI DU CHARBON VÉGÉTAL.

Un propriétaire eut l'heureuse idée de jeter à plusieurs reprises du charbon de bois dans un abreuvoir ; il fut agréablement surpris de la rapidité avec laquelle son poisson en souffrance recouvra la fraîcheur et la santé, quoique l'eau continuât à baisser. Ceci ne surprendra point, quand on saura que le charbon est employé avec succès pour désinfecter les eaux les plus sales, les plus corrompues, et les rendre à l'instant potables.

DE L'HYGIÈNE.

L'hygiène, ou médecine préservative, a pour objet principal de prévenir les maladies ; c'est un soin que tout le monde peut prendre, tandis qu'il n'appartient qu'au médecin d'entreprendre la guérison.

Chaque profession détériore à sa manière la structure de l'homme qui lui consacre son activité; chacun son cachet, ses stigmates, ses maladies ou ses accidents, quelquefois aussi ses avantages.

L'extrême fatigue en des corps pleins d'énergie a suffi quelquefois pour guérir des maladies pour la cure desquelles la médecine avait échoué.

Mais il est plus ordinaire de voir la constante répétition des mêmes actes amener des changements vicieux dans la structure, et, par contre-coup, nuire à des organes essentiels, changer la situation, empêcher l'accroissement ou entraver les fonctions.

Plus les professions sont dangereuses , plus ceux qui les exercent doivent apporter de ponctualité dans l'observation des lois de l'hygiène.

La prudence doit croître à proportion du péril qu'il faut combattre ou conjurer.

On pourrait diviser les professions en trois classes distinctes :

1º Celles qui exigent de grands efforts corporels ;

2º Celles qui exposent à des émanations dangereuses ;

3º Celles qui obligent à rester sédentaire, soit qu'elles occupent l'esprit seulement, les membres, ou, à la fois, les membres et l'esprit.

Nous allons continuer d'examiner rapidement les résultats nuisibles ou dangereux des principales professions.

Les cultivateurs, comme tous ceux qui travaillent avec effort, sont exposés aux anévrismes du cœur et des artères, aux descentes. volumineuses, aux inflammations des poumons, aux fluxions de poitrine, aux fractures, aux luxations, etc.

Les anévrismes attaquent de préférence ceux qui se livrent à des excès de table, de boisson et autres, ou qui reprennent les plus forts travaux tout de suite après le repas ou en sortant du lit. Les laboureurs sont exposés aux rhumatismes et aux douleurs : ce sont là les résultats de la vie des champs. Ils doivent, en conséquence, donner beaucoup de soins à la propreté, changer de linge souvent, prendre des bains, établir des courants d'air là où ils travaillent et séjournent.

La plus dangereuse des habitudes est celle de l'immobilité.

L'exercice varié convient à tous les hommes, mais principalement à ceux qui n'ont ni besogne fatigante ni travail journalier. Les personnes sédentaires doivent agir avant le repas pour l'appétit, après le repas pour la digestion, et dans la soirée pour le sommeil; à toutes les heures, pour la force et la santé.

Il faut, au contraire, des distractions assez diversifiées à ceux qui ont naturellement des occupations fatigantes.

MÉDECINE PRATIQUE.

Si la santé est le premier de tous les biens, il est malheureusement aussi celui que nous sommes le plus exposés à perdre.

D'un côté, les accidents imprévus, des dangers inévitables, se rencontrent à chaque pas;

l'exercice même de nos professions altère, à la longue, notre constitution. Nous devons donc toujours être sur nos gardes.

D'un autre côté, nous la ruinons par toutes sortes d'excès ; n'en sentant le prix que lorsque nous l'avons perdue, nous négligeons les soins qui peuvent la conserver. Beaucoup pèchent par ignorance, faisant tous les jours les choses qui leurs sont contraires, sans soupçonner les maux qu'ils se préparent. C'est à ceux-là, aux *ivrognes* surtout, que nous adressons cet avis ; les retours fréquents à l'ivresse les rendent stupides, sujets à tous les accidents, et tous les maux, tels que les pleurésies et l'hydropisie, sont la triste fin de leur vie.

DU SOMMEIL.

Il est quelques habitudes de la vie intérieure qui ont une influence bien certaine sur la santé.

La durée de votre sommeil variera selon vos occupations, votre âge ; à un homme jouissant d'une bonne santé, il faut 6 à 8 heures.

Aux personnes faibles et aux enfants, 8 à 10 heures sont nécessaires. Un sommeil trop pro-

longé énerve l'esprit et les forces ; les dormeurs
ne vivent pas vieux, et tombent le plus souvent
dans un engourdissement qui les mène à une
apoplexie mortelle. Si vous n'avez qu'un lit dur,
consolez-vous-en ; un lit de plume, s'il flatte la
mollesse, est très-malsain. Les rideaux empri-
sonnent l'air que vous respirez, et retiennent
toutes les émanations malsaines qui se répandent autour de vous. Laissez débiter les fables
crédules; faites-vous purger, saigner, quand
votre médecin l'ordonnera. Évitez surtout de
vous exposer aux rayons trop brûlants du soleil,
ce qui vous exposerait à un érysipèle. Ce dont il
faut se garder, c'est de se baigner dans les
rivières à la suite d'un orage.

L'alimentation ne doit pas être uniforme ; il
faut varier les substances qu'on livre à son estomac, mais ne point user à chaque repas d'une
grande variété de mets. Les mets qui excitent
immodérément l'appétit ruinent les meilleures
constitutions.

Les aliments féculents nourrissent beaucoup,
avec une certaine quantité de viande. L'eau est
le meilleur dissolvant, celle des rivières est la
plus convenable à l'usage alimentaire.

Sans se livrer à des excès, changez fréquemment de manière de vivre.

Au printemps, diminuez la nourriture, usez de préférence des aliments végétaux ; buvez moins de vin qu'en hiver, qu'il soit plus léger et mêlé d'eau.

Il faut éviter le passage subit du chaud au froid, d'un exercice violent à un repas complet, et ne point quitter trop tôt les habits d'hiver.

En automne, il faut revenir peu à peu à l'usage des viandes, à une alimentation et aux boissons toniques, user encore des végétaux, surtout si l'été a été chaud.

Que les vêtements soient plus chauds vers la fin de l'automne. Enfin, suivant l'irrégularité des saisons, il faut observer les préceptes précédents.

Aux personnes d'un tempérament sanguin, bilieux, les végétaux conviennent beaucoup ; l'homme sanguin peut faire usage de tous les aliments et de toutes les boissons.

Celui chez qui le sang surabonde, doit prendre des aliments peu nourrissants, des boissons rafraîchissantes, un exercice modéré ; qu'il s'abstienne de vin pur, de liqueurs et de café.

Le sujet bilieux doit suivre ce dernier régime, éviter le lait. Les stimulants, les acides, lui conviennent. Peu de vin, exercice modéré, sommeil prolongé.

Le sujet nerveux s'abstiendra d'aliments visqueux, de mets d'une digestion difficile, d'assaisonnements excitants ; qu'il boive un vin léger. Point de viandes salées, de poissons de mer. Exercice modéré, fréquente distraction.

Les lymphatiques ne doivent pas se nourrir de végétaux, sauf les plantes anti-scorbutiques ; point d'aliments gras, visqueux ou provenant de jeunes animaux.

Peu de viande aux enfants et aux jeunes gens ; les légumes, les racines, les herbages et les fruits leur conviennent. Peu de vin et pas de boissons spiritueuses. A mesure que la vie s'avance, il faut une nourriture plus tonique, plus réparatrice.

Quand un homme est encore vert, qu'il évite les liqueurs fortes, les épices, l'abus de la table, les exercices violents, les passions vives ; manger peu, surtout le soir ; peu de viande ; végétaux nourrissants ; vin vieux et généreux, pris modérément ; point d'aliments gras, farineux et pesants.

A mesure qu'on avance en âge, on doit mener une vie sobre, régulière, tempérante ; porter de la laine ou flanelle sur la peau ; éviter l'impression du froid, les sueurs abondantes ;

15.

prendre quelques bains tièdes, afin de faciliter les sécrétions.

La femme qui mène une vie active, dont le physique et le moral se rapprochent de l'homme, doit suivre le régime qui a été indiqué pour celui-ci, sauf les précautions qu'exigent les différents états.

MAUX ET PETITS ACCIDENTS

QUE L'ON PEUT SOI-MÊME GUÉRIR.

ABATTEMENT.

L'abattement est plutôt une affection morale que physique.

Les distractions de l'esprit, l'exercice, sont les seuls remèdes à opposer à cette affection, produite par une sensibilité excessive.

BOUTONS.

Il faut se garder de faire passer par des moyens extérieurs les boutons qui naissent sur le visage, sur le dos et en général sur toutes les parties du corps ; on occasionnerait ainsi des répercussions fâcheuses sur ces mêmes parties.

Comme toutes les natures de boutons peuvent se communiquer par le contact, on doit éviter, par tous les moyens possibles, soit en buvant, soit en se servant du même linge, soit en se couchant dans le même lit, ou enfin en se servant des mêmes effets que les personnes qui en ont.

BRULURES.

Prenez une demi-livre d'alun en poudre et faites-le dissoudre dans une quarte d'eau ; baignez la brûlure ou la cloche qui s'est élevée à sa suite, avec un chiffon de linge trempé dans ce mélange ; attachez dessus le chiffon encore humide avec une compresse de linge ; humectez fréquemment le bandage d'eau d'alun, sans ôter la compresse, et ne vous lassez pas de suivre ce procédé pendant deux ou trois jours.

Des pommes de terre râpées sont également très-salutaires.

CLOUS, FURONCLES.

La guérison des clous et des furoncles (car on en compte plusieurs à la fois ou qui se succèdent en peu de temps) s'opère par la suppuration, que l'on provoque avec des emplâtres ; ordinairement ils percent d'eux-mêmes, et il en sort un pus mêlé de sang.

Quant à la manière de guérir le clou, il n'exige qu'un régime doux et rafraîchissant. On entretient l'ouverture de l'abcès jusqu'à ce qu'il ait rendu tout le pus.

CONSTIPATION.

Les personnes sédentaires, celles qui ont une santé délicate, doivent veiller à ce que la constipation ne soit pas trop prolongée.

Pour parvenir à ce résultat, on ne fera aucun usage d'aliments resserrants ou échauffants, ceux qui sont âcres ou aromatisés ; les exercices violents et même les chagrins domestiques ne feraient qu'augmenter la constipation. Il faut donc faire usage d'adoucissants et de relâchants, et, en général, de boissons délayantes. Pour relâcher le ventre, on emploiera des lavements avec quelques cueillerées de beurre frais ou de bonne huile d'olive, ou simplement d'eau tiède où l'on aura fait dissoudre un peu de savon.

CONTUSION.

Lorsque la contusion a été forte et qu'il y a congression d'humeur, il se forme une espèce de tumeur qui dégénère souvent en un abcès qu'on est obligé d'ouvrir ou de percer.

Lorsque la contusion est légère, avec un peu d'eau-de-vie camphrée ou de persil écrasé, ou du sel, ou encore du savon noir, on parvient facilement à en faire disparaître la tumeur.

COUPURES.

Il faut laisser saigner pendant quelque temps, puis rejoindre les deux lèvres de la coupure avec du taffetas d'Angleterre : il est à présumer que bientôt les chairs reprendront, sans rien faire autre chose.

Mais si la coupure tient plutôt de la déchirure que d'une scission nette, alors il faut bien se garder d'y appliquer le taffetas, parce que le pus s'agglomérerait dessous et pourrait augmenter le mal ; un peu d'huile et de vin, dont on imbibera une compresse bien mince appliquée sur la déchirure, la guérira en peu de temps, si surtout la masse du sang est pure et exempte de tout vice.

COURBATURE.

Légère indisposition qui survient souvent aux personnes assujetties à des travaux pénibles ou à des exercices violents. Elle se manifeste par des douleurs dans les membres, par la lassitude, le mal de tête et le manque de force physique.

Des courbatures ne peuvent devenir dangereuses que lorsqu'on les néglige dès le commencement. C'est pourquoi je recommanderai aux individus qui en reconnaîtront les symptômes, de se mettre au régime, de se raffraîchir et de prendre du repos.

DARTRES.

Je ne parlerai ici que des dartres farineuses, sèches et légères, et qui ne sont véritablement qu'une incommodité passagère ; il suffit de ne les jamais laver avec des substances répercussives ou qui les fassent disparaître sur-le-champ, ce qui deviendrait dangereux. Il faut seulement les laver avec de l'eau fraîche ou tiède.

Le bain est un des meilleurs curatifs à employer.

ÉCORCHURES.

Du beurre frais et, à défaut, du suif ou du saindoux dont on couvre les parties écorchées sont les remèdes les plus utiles et les plus efficaces ; mais il faut que le repos concoure en même temps à favoriser leur effet.

ENGELURES.

Pour s'en préserver, il suffit de se garantir des premiers froids avec soin. On prendra garde aussi de ne point s'exposer à se refroidir tout-à-coup après avoir eu bien chaud ; car c'est ce passage extrême entre les degrés de température qui engendre le plus souvent les engelures aux peaux tendres et délicates.

Lorsque l'on a voulu soigner les engelures, on a observé qu'un moyen très-avantageux était de les humecter avec son urine : on en a re-

connu les bons effets ; ou bien encore de se
frotter les mains et les pieds avec la première
neige qui tombe. Lorsque l'engelure dégénère
en ulcère, on la lave avec du vin pur ou encore
on y applique du cérat.

ENTORSES.

Remède. — Lorsque la partie malade n'offre
aucune trace d'inflammation, on se contente de
la bassiner et de la couvrir avec des compresses
imbibées d'eau végéto-minérale ; s'il y a inflammation, on applique quelques cataplasmes faits
avec de la farine de graine de lin ; on emploie
ensuite l'eau végéto-minérale.

Lorsqu'on peut, au moment de l'accident qui
a causé l'entorse, plonger la partie malade dans
de l'eau très-froide ou dans de la glace, on évite
presque toutes les suites fâcheuses.

Il faut prolonger cette immersion pendant une
heure ou deux. Du reste, un repos absolu est
indispensable pour la prompte guérison de ces
sortes d'affections.

ÉPUISEMENT.

L'épuisement, lorsqu'il n'est que la suite d'une grande maladie, se répare petit à petit avec le régime de la convalescence. Celui qui provient d'excès dans les travaux et même dans les plaisirs, doit se terminer peu à peu par le repos et la sagesse en toutes choses.

ESQUINANCIE.

Pour faire passer une légère esquinancie, prenez un scrupule d'alun et autant de noix de galle et de poivre ; le tout bien pulvérisé. Mêlez-le avec un peu de blanc d'œuf, et touchez-en trois fois par jour la luette avec le bout d'un petit bâton garni d'un linge trempé dans ce mélange.

DENTS.

L'huile d'acier est le meilleur remède ; dans tous les cas, des rafraîchissements.

ÉTOURDISSEMENT.

Chez les jeunes personnes, cet accident est léger et sans danger ; un demi-verre d'eau fraîche suffit pour le calmer. Chez celles qui sont âgées, l'apoplexie ou la paralysie est à craindre ; une simple saignée fait aussitôt disparaître l'étourdissement.

ÉVANOUISSEMENT.

Les évanouissements ont pour cause une affection morale et nerveuse, ou une grande perte de sang, ou enfin un excès de faiblesse.

Pour obvier momentanément à ces accidents, il faut d'abord éloigner toutes les causes qui auraient pu occasionner l'évanouissement ; en général, employer les odeurs fortes et piquantes, les barbes de plume dans le nez, le grand air, l'eau fraîche jetée violemment, mais en petite quantité, sur la figure ; on boit quelques gorgées d'eau fraîche, lorsque les sens sont revenus, et l'on observe pendant quelque temps un repos parfait.

FLUXIONS.

La diète et le repos, l'eau et la privation de boissons échauffantes, de la chaleur à la partie attaquée, voilà le régime à suivre.

GALE.

On traite la gale avec succès en employant une lotion composée comme il suit :

Prenez : eau commune, deux livres ; sulfure de potasse, trois onces ; acide sulfurique à 66 degrés, un gros.

On dissout le sulfure dans l'eau, mais on n'y verse l'acide sulfurique qu'au moment de l'emploi. On peut remplacer cet acide par tout autre, celui de vinaigre, par exemple, en augmentant la dose selon la faiblesse de l'acidité.

Cette lotion est commode pour les soldats, les voyageurs et tous ceux qui n'ont pas de moyens faciles pour guérir la gale ; ou, si l'on veut, l'onguent citrin.

GANGRÈNE.

En saupoudrant les blessures avec du sucre

en poudre, on empêche la gangrène de s'y mettre.

GOUTTE.

L'un des plus célèbres médecins de l'Angleterre a déclaré que, pour la guérison de cette maladie, il plaçait toute sa confiance dans la plante du colchique, et qu'il avait vu les effets les plus heureux suivre, dans tous les cas, l'emploi de cette racine, administrée en infusion.

HÉMORRHOIDES.

On ordonnera les bains de siége (et demi-bains), les lavements émollients, et enfin, si l'engorgement des vaisseaux hémorrhoïdaux devient tel qu'il faille les dégorger, on emploiera le moyen des sangsues; à leur défaut, la lancette.

En général, le régime des substances relâchantes est celui qui convient aux personnes sujettes aux flux hémorrhoïdaux. Tout ce qui peut irriter, échauffer dans les aliments, tant solides que liquides, ne leur convient nullement.

INDIGESTION.

Dans les indigestions ordinaires, on éprouve des nausées, des bâillements, des pesanteurs d'estomac ; on a la bouche mauvaise, et enfin des envies de vomir.

Lorsque après avoir trop bu ou trop mangé, on s'aperçoit de quelques-uns de ces symptômes, le plus pressant est de boire sur-le-champ du thé extrêmement léger et en petite quantité ; mais, si la pesanteur d'estomac continue, il faut se faire vomir tout en buvant simplement quelques gorgées d'eau tiède, et, si cela n'est pas suffisant, on se portera les deux doigts dans la bouche ; le lendemain, on fera diète, et l'accident n'aura pas de suite.

IVRESSE.

L'ivresse étant le résultat le plus fréquent de l'usage des liqueurs fermentées et de l'eau-de-vie, nous allons indiquer un moyen pour combattre cet état maladif que les circonstances actuelles rendent si fréquents et dangereux :

L'acétate d'ammoniaque, à la dose de 36 gouttes dans un verre d'eau fraîche.

LASSITUDE.

Il est utile d'avertir les personnes qui éprouvent cet état, qu'il faut qu'elles se mettent au régime et discontinuent les travaux qu'elles pourraient avoir commencés, pour éviter la maladie dont elles sont menacées, ou du moins pour la rendre moins dangereuse.

MEURTRISSURES.

Appliquez du miel cru sur le membre meurtri, enveloppez-le d'un linge; l'effet en sera salutaire.

MIGRAINE.

On boira tous les matins à jeun une livre d'eau fraîche, et on prendra de l'exercice avant le dîner ; mais le meilleur remède à opposer aux accès, quelque forts qu'ils soient, c'est le repos le plus parfait. La tempérance sera un moyen sûr d'en éloigner les récidives. On peut encore appliquer au front des bandes imbibées d'eau de mélisse ou de tilleul, quelques gouttes d'éther sur un morceau de sucre.

PIQURES.

On sera promptement guéri si l'on parvient à
retirer l'aiguillon aussitôt qu'il a été enfoncé.
Il faut donc d'abord inciser ou élargir le point
où est la piqûre, en retirer l'aiguillon avec une
pointe de ciseaux fins, une aiguille ou tout
autre instrument pointu. Cela fait, on presse la
plaie, on la bassine avec de l'eau de source, de
l'huile d'olive ou du laudanum.

RHUMES.

Lorsqu'on s'aperçoit qu'on est enrhumé, il
faut se tenir chaudement et éviter les transitions
subites du chaud au froid et du froid au chaud.
A moins de complication, le rhume cède bientôt
par l'emploi simple d'une tisane prise chaude
plusieurs fois dans la journée et le soir en se
couchant. Parmi celles qu'on peut employer,
nous ne citerons que la décoction de gruau.
Surtout éviter de prendre des bains, même des
bains de pieds.

CAUSE DES EFFETS PERNICIEUX DU SEREIN.

Le serein est presque toujours chargé de principes délétères, que la rosée n'a point ou n'a qu'en très-petite quantité. On comprend maintenant combien les personnes expérimentées ont raison de recommander ne ne pas s'exposer au serein, et combien ceux-là le font avec imprudence qui négligent cette précaution.

TOUX.

Dans les toux simples, indépendamment des boissons adoucissantes, comme il est très-nécessaire d'humecter constamment la bouche et l'arrière-bouche, rien ne sera plus utile que le jus de réglisse, qui, en se fondant petit à petit, ôtera la sécheresse de la gorge et la fréquence de la toux, qui, sans cette précaution, devient quelquefois spasmodique et dangereuse.

TRANSPIRATION.

Le moyen le plus prompt d'amener la transpiration est de placer le malade dans une bai-

gnoire vide ou une barrique, dans laquelle on
fait brûler une lampe à l'esprit de vin. La bai-
gnoire est recouverte d'un tapis, de manière à
concentrer la vapeur qui provient de la com-
bustion, en sorte qu'en peu d'instants l'air qui y
est contenu atteint une température très-élevée.
Il en résulte, pour la personne qui y est placée,
une sueur abondante en quelques minutes.

AUX CULTIVATEURS.

Si vous saviez, laboureurs et artisans, combien votre appétit provoqué par l'exercice,
combien la tonicité de votre estomac, dont rien
ne dérange les fonctions, et l'heureuse habitude
que vous avez contractée de la frugalité, sont
préférables aux goûts blasés du riche et du vo-
luptueux, vous ne formeriez jamais le désir de
vous asseoir à leur table. Ces hommes, que vous
croyez si heureux, forment un désir bien plus
raisonnable ; ils ambitionnent votre appétit et
vos faciles digestions.

La médecine préventive n'a pas pour but de
dispenser d'un médecin, pas plus à la campagne

qu'à la ville ; au contraire , souvent éloignés d'hommes de l'art, j'ai pensé que le système curatif ci-dessus, tiré de la *Maison Rustique*, sera fort utile à beaucoup de campagnards, en attendant le médecin, qui se fait souvent attendre. D'ailleurs, il est plus facile de prévenir, d'empêcher une maladie, que de la guérir quand elle est déclarée.

RICHESSE DU LABOUREUR

CULTURES DU PÈRE BÉNOIT

Par MATHIEU DE DOMBASLE.

—

> Il n'y a que le travail et la probité qui fassent
> prospérer jusqu'à la fin.
>
> VAUVENARGUES.

Jean-Nicolas Bénoît, né de parents très-pauvres, ayant perdu son père et sa mère, partit à
l'âge de 20 ans, avec un seigneur flamand, qui
l'emmena comme domestique. Son maître s'aper-
çut bientôt que le jeune homme avait de l'intelligence et un goût très-vif pour la culture des
terres. Il le plaça chez un de ses fermiers, dans
les environs de Bruxelles. Bénoît fut d'abord
très-surpris de trouver dans ce pays un genre
de culture entièrement différent de celui qu'il
avait vu pratiquer chez lui; il sentit bientôt
combien l'occasion était favorable pour s'instruire dans une profession qu'il aimait avec pas-

sion (1), et il se livra avec ardeur à observer et
étudier tous les procédés qui sont en usage dans
ce pays, le mieux cultivé de l'Europe.

SON MARIAGE.

Au bout de quatre ans, le désir qu'il avait de
s'instruire dans les méthodes de culture de divers pays, le détermina à parcourir plusieurs
cantons de l'Allemagne. Il s'arrêta, deux ans
après, dans le Palatinat du Rhin, où il resta
quatre ans. Il avait le projet de visiter aussi
l'Angleterre, parce qu'il avait entendu dire que
plusieurs parties de ce royaume sont cultivées
avec une grande perfection ; mais, ayant fait
connaissance d'une fille qui était en service chez
le même maître que lui, il se détermina à l'é-
pouser. Cette fille venait d'hériter d'un de ses
oncles, qui lui avait laissé une maison et quel-

---

(1) Les voyages sont précieux pour un agriculteur ; rien de tel que de voir. Nous devrions faire
voyager des jeunes gens dans le nord de la France
et en Belgique ; ils reviendraient avec d'excellentes
méthodes.

ques terres dans un village du pays de Hanovre. Ils partirent ensemble pour aller cultiver leur petit bien.

Bénoît, devenu propriétaire à l'âge de trente ans, avait profité de tous les exemples qu'il avait eus sous les yeux dans les pays qu'il avait parcourus. Comme il était d'ailleurs actif, adroit et intelligent, il ne se trompa pas sur celles de ces pratiques qui pouvaient être appliquées avec avantage à ses terres. Après avoir étudié leur nature pendant quelques mois, après avoir observé la manière dont on les cultivait, les prix des diverses denrées dans le pays, il se détermina sur le plan qu'il avait à suivre.

Une petite maison, douze morgens de terre, faisant à peu près quatorze jours (1) de Lorraine, et quatre morgens de prés composaient toute la fortune de sa femme. Les terres étaient bonnes ; mais le genre de culture du pays était détestable, et, par conséquent, les habitants très-pauvres et le prix des terres bien peu élevé. Bénoît avait peine à concevoir qu'on pût tirer si

---

(1) Un jour de terre, ancienne mesure de Lorraine, se compose de 20 ares 43 centiares.

peu de produits des terres de cette qualité, et il
se promettait bien de suivre un autre chemin.
Cependant, pour adopter un meilleur genre de
culture, il lui fallait des bestiaux, et les six ou
sept cents francs qu'il avait amassés, ainsi que
sa femme, par leur économie, suffisaient à peine
pour se mettre bien médiocrement en ménage,
acheter quelques semences, quelques ustensiles
de culture, etc. Il commença par prendre un
parti assez extraordinaire; il vendit deux morgens
de ses meilleurs prés, que désirait acheter un des
particuliers les plus aisés de l'endroit, et il en
destina le prix à acheter quatre vaches. Dieu
sait si tout le monde riait de cet arrangement :
vendre des prés pour acheter des vaches ! Mais
Bénoît savait bien comment on nourrit les
vaches sans prés, et il était bien sûr que les
siennes ne mourraient pas de faim.

La première année, il ne sema en blé que
deux jours de terre, qu'il jugea suffisants pour
sa provision. Au printemps, il sema de la graine
de trèfle sur son blé. Il sema en diverses fois
trois jours de terre en avoine avec du trèfle;
il faucha son avoine en vert deux fois, pour
nourrir ses vaches à l'écurie, et son trèfle lui
donna déjà à l'automne une coupe passable,

tandis qu'il aurait à peine couvert la terre s'il avait laissé mûrir son avoine.

Voulant essayer si la luzerne réussirait bien dans ses terres, il en sema aussi un jour avec de l'avoine, qu'il coupa encore en vert; la luzerne, à l'automne, était déjà haute de près d'un pied.

Il planta quatre jours de pommes de terre et deux jours de grands choux cavaliers, dont il avait apporté la graine avec lui, et qu'il donna à ses vaches dans les mois d'octobre et de novembre, ainsi qu'en mars et en avril suivants.

Il sema deux jours de terre en vesces, qu'il faucha et fit sécher lorsqu'elles furent en fleurs; et, comme c'était une terre très-légère, il la laboura aussitôt et y sema des navets, qui lui donnèrent une superbe récolte.

Comme la femme de Bénoît était forte et aussi laborieuse que lui, presque tout cela fut labouré à la bêche et biné de leurs propres mains. Ils furent cependant obligés de se faire aider par un petit nombre de journaliers dans le plus fort des ouvrages, et de faire labourer trois ou quatre jours de terre à la charrue par un cultivateur, leur voisin, qui aurait bien parié, en les voyant commencer ainsi, que, dans peu d'années, tout leur bien serait vendu, un champ après l'autre.

Au lieu d'envoyer ses vaches au pâturage, comme c'était l'usage dans le pays, Bénoît les fit rester à l'étable ; et, au moyen de son avoine verte, dont tout le monde se moquait, de son trèfle, de sa luzerne et de ses choux, au moyen de son foin, des vesces, de ses pommes de terre, de ses navets pendant l'hiver, les betteraves étant encore peu connues, il se trouva qu'il aurait presque pu se passer du foin des deux morgens de prés qu'il avait conservés. Ses vaches, grassement nourries, lui donnaient deux fois autant de lait que les meilleures vaches du village, qui allaient en pâture. Sa femme allait tous les jours vendre son lait à la ville, et, au bout de l'année, il se trouva qu'il en avait vendu pour treize cents francs (1). Il avait dépensé à peu près cinq cents francs, tant pour quelques frais de culture que pour quelques objets de consommation nécessaires dans son ménage, et

---

(1) Il tenait toujours un livre de comptes. C'est l'usage dans le pays. Chez nous, ceux qui savent écrire devraient en faire autant.

pour acheter un peu de paille, qui lui était nécessaire cette année, à cause de la petite quantité de grain qu'il avait semé ; de sorte qu'il lui restait à peu près 800 francs.

Il aurait bien pu employer cet argent à acheter des terres, car il y en avait alors à vendre à très-bon marché et qui lui auraient bien convenu ; mais il s'en garda bien : car il s'était imposé la loi de ne jamais acheter de terres que lorsque celles qu'il avait seraient parfaitement amendées, (c'est ce qu'il avait de mieux à faire), et lorsqu'il aurait du fumier en suffisance pour en amender de nouvelles ; il savait bien qu'un jour de terre bien amendé en vaut deux ou plus, et que les terres sans fumier ne paient pas les frais de culture. Au reste, comme ses vaches restaient toujours à l'étable et qu'elles étaient fortement nourries, elles lui donnaient une énorme quantité de fumier, et, dès cette année, il avait déjà pu amender presque la moitié de ses terres. Bénoît ne voulut pas non plus employer son argent à acheter d'autre bétail, parce qu'il n'était pas sûr de récolter de quoi en bien nourrir plus qu'il n'en avait ; d'ailleurs, il élevait les quatre veaux qu'il avait eus, parmi lesquels il était bien fâché qu'il n'y eût qu'une

génisse. Comme il ne voulait cependant pas
enterrer son argent, et que la vente de son lait
lui en procurait tous les jours, il se détermina à
l'employer d'une manière qui excita encore la
risée de ses voisins. Son étable ne pouvait contenir que huit bêtes, c'était plus qu'il n'en avait
besoin pour le présent ; mais il avait ses vues, et
cette année avait suffi pour lui prouver que le
plan qu'il avait adopté était bon : il fit doubler
son étable, et, en même temps, il fit construire
un réservoir dans lequel il recueillait l'urine de
ses vaches, comme il l'avait vu pratiquer dans
le Palatinat. Par ce moyen, sans diminuer la
masse de ses fumiers, il fut en état d'amender,
dès l'année suivante, quatre jours de terre avec
cet excellent engrais liquide.

Bénoît suivit, l'année suivante, à peu près le
même système de culture ; mais comme il con-
tinuait à élever presque tous ses veaux, son
bétail devint plus nombreux. Comme toutes ses
terres étaient bien amendées, il employa ses
économies à en acheter de nouvelles, dont il
doublait toujours la valeur par la manière dont
il les amendait.

Au bout de quatre ans, il avait déjà assez de
terre pour penser à avoir lui-même une char-

rue ; car il lui en coûtait beaucoup tous les ans pour faire labourer ses terres par les cultivateurs, et, d'ailleurs, les labours n'étaient jamais si bien faits, ni faits si à propos que s'il avait pu les faire lui-même. Dans ce pays, l'usage était de labourer avec des charrues à avant-train, auxquelles on attelait six ou huit chevaux.

Bénoît avait trop longtemps labouré lui-même en Flandre, pour ne pas savoir qu'avec une bonne charrue sans avant-train, attelée de deux chevaux ou de deux bœufs, il pourrait faire tout autant d'ouvrage et de meilleur ouvrage. La plupart des terres de son village étaient fortes, à la vérité; mais il en avait labouré d'aussi fortes, sans y employer un plus fort attelage. La difficulté était de se procurer des charrues de cette espèce. Il savait que son ancien maître de Flandre avait toujours eu beaucoup de bonté pour lui; il se hasarda à lui écrire pour le prier de lui envoyer une charrue, qu'il reçut en effet : en lui en envoyant le prix, il en demanda une seconde, que son ancien maître lui envoya encore, en le félicitant sur les heureux résultats qu'il avait obtenus de son industrie.

Bénoît dressa deux jeunes bœufs qu'il avait

élevés, et, avec cet attelage, il expédiait autant
de besogne que les meilleurs laboureurs des
environs avec leurs six chevaux. Cette fois, on
le regardait faire et on ne se moqua plus de lui ;
l'opinion avait déjà bien changé sur son compte,
quelques-uns de ses voisins commençaient
même à soupçonner qu'il pouvait bien en savoir
plus qu'eux, et que ce qu'ils avaient vu faire
par leurs pères n'était peut-être pas toujours ce
qu'il y avait de mieux à faire. D'ailleurs, Bénoît
était d'un si bon caractère, si complaisant pour
ses voisins, d'une probité si bien reconnue,
qu'il n'avait pas tardé à se faire aimer de tout
le monde. On examinait tout ce qu'il faisait, et
l'on était assez disposé à l'imiter sur quelques
points.

Cependant pourrait-on croire que, pendant
trois ans entiers, tous les habitants du village le
virent labourer avec sa charrue attelée de deux
bêtes, avant qu'aucun d'eux se déterminât à se
procurer une charrue semblable. A la fin, un
jeune homme de ses voisins en fit faire une, et
s'en trouva bien ; au bout de quelques années,
il n'y avait plus d'autres charrues à deux lieues
à la ronde.

Les profits de Bénoît s'accroissaient tous les

ans, à mesure que ses terres et son bétail s'augmentaient ; il était d'une extrême économie, ainsi que sa femme, de sorte que chaque année il achetait de nouvelles terres. Depuis longtemps, il n'achetait plus de paille, parce que ses terres étaient divisées en saisons régulières, dans lesquelles il cultivait du grain en quantité suffisante pour lui procurer toute celle dont il avait besoin. De la manière qu'il amendait ses champs, il est facile de concevoir qu'il récoltait plus de grain et de paille que tous ses voisins.

Au bout de 20 ans d'établissement, sa maison était considérablement augmentée ; il avait habituellement trente vaches et six bœufs de labour, sans compter les bœufs qu'il achetait chaque automne pour les engraisser et augmenter ainsi la masse de ses fumiers.

Il avait alors trois cents jours de terre, qui étaient devenus la fleur du finage. Mais il ne trouvait plus alors à en acheter à si bon marché qu'au commencement ; leur prix avait plus que doublé, parce que chacun avait fini par l'imiter. Il jouissait ainsi de la satisfaction non-seulement de s'être enrichi, mais d'avoir amené chez tous les habitants une aisance qui leur était inconnue jusque-là. Il leur avait appris à bien

cultiver et à plâtrer le trèfle (1), à entretenir un
grand nombre de bestiaux, en cultivant, pour
les nourrir, beaucoup de plantes qu'ils ne con-
naissaient pas, ou qu'ils ne cultivaient auparavant qu'en très-petite quantité, comme les
pommes de terre ; il leur avait appris de plus à
économiser la moitié de leurs frais de culture, en
diminuant considérablement le nombre de leurs
bêtes d'attelage. Il n'en fallut pas tant pour changer totalement la face du canton, et faire succéder la richesse à la misère. Aussi, à plusieurs
lieues à la ronde, Bénoît était béni et respecté.

SON RETOUR EN FRANCE.

J'ai raconté jusqu'ici les prospérités de Bénoît;
pourquoi faut-il que je parle maintenant de ses
malheurs? Il avait eu de sa femme un fils et une
fille ; la dernière, mariée à un homme qui la
rendait heureuse, mourut à sa seconde couche,
en laissant une petite fille, que Bénoît prit chez

----

(1) Le plâtre ne réussit pas sur nos terres.

lui pour l'élever, et qui devint l'objet de toute sa tendresse. Son fils fut forcé d'embrasser l'état militaire, et fut tué dans les guerres de la Révolution ; son père en fut d'autant plus inconsolable, que c'était en combattant contre la France qu'il avait perdu la vie. Sa petite-fille, son unique espoir, mourut de la petite vérole à l'âge de dix-huit ans. Sa femme ne put résister à tant d'infortunes, et laissa le malheureux Bénoît entièrement isolé sur la terre. Accablé de tous ces malheurs, le pays où il les avait éprouvés lui devint insupportable ; il se détermina à vendre tout ce qu'il avait et à revenir dans son pays natal, pour achever ses jours dans la société de quelques parents qu'il y avait laissés.

Il y a maintenant quatre ans que Bénoît, revenu en France, s'est fixé à R....., où il est né. Il y a acheté une jolie petite maison et un vaste jardin. Trop âgé pour reprendre l'état de laboureur, il cultive cependant lui-même son jardin ; car, avec l'habitude qu'il a du travail, il lui serait impossible de rester oisif.

J'habite dans le voisinage de ce brave homme, et jamais je n'éprouve plus de plaisir que lorsque je m'entretiens avec lui. Il a aujourd'hui 64 ans ;

mais il jouit d'une santé parfaite, qu'il doit à
une vie constamment laborieuse : à peine ses
cheveux sont-ils gris, et il conserve une vivacité
qui ferait croire qu'il n'a que 20 ans. C'est un
petit homme assez maigre, mais dont la phy-
sionomie est remarquable par le feu du génie
qui étincelle dans ses yeux, et par un air de
franchise qui prévient en sa faveur aussitôt
qu'on le voit. Il a conservé toute la simplicité
du costume et des mœurs des cultivateurs du
pays qu'il a habité si longtemps ; mais, dans ses
vêtements, dans son ameublement, dans toute
son habitation, respire la propreté la plus
soignée.

Il parle très-peu lorsqu'il se trouve avec des
étrangers ; mais, dans ses entretiens avec les
hommes qu'il voit habituellement, il devient
très-communicatif. On voit surtout qu'il éprouve
un vif plaisir à parler d'agriculture : alors il
parle beaucoup et longtemps.

Cependant on ne se lasse guère de l'entendre,
parce qu'il sait beaucoup, qu'il ne parle que de
ce qu'il sait bien, et que toutes ses paroles
portent le caractère de ce bon sens naturel et de
ce jugement exquis et sûr qui ont dirigé toutes
les actions de sa vie. On sent, en l'écoutant,

17.

que c'est un de ces hommes qui, sans avoir
reçu d'autre éducation que celle qu'ils se sont
procurée eux-mêmes, s'élèvent, par la force de
leur esprit et de leur jugement, à un degré de
lumières et de connaissances bien rare dans
tous les états de la vie. Dans quelque état que
fût né Bénoît, il aurait fait un des hommes les
plus distingués de la profession qu'il aurait em-
brassée.

J'ai dû insérer ici ce petit épisode, qui ne
déplaira pas, par analogie à mon système
fourragé.

DE L'ÉDUCATION

DES ABEILLES.

—

Il n'y a rien de plus heureux, de plus doux,
que de goûter en repos le fruit de son
travail.   P. G.

On ne saurait apporter des soins trop minu-
tieux à l'éducation des abeilles. Ces insectes,
dont le caractère industriel provoque à juste titre l'admiration, se groupent par milliers dans
un même lieu, où, par un travail admirable, ils
pétrissent le suc des fleurs et en composent le
miel. Les abeilles ne sont pas moins de trente
mille dans l'endroit qu'elles choisissent pour y
fixer leurs ruches.

Les ruches, dont la forme est celle de petits
barils, se font avec des troncs d'arbres ou de
grosses tresses de paille, ou avec des planches ;
elles sont ou rondes ou carrées, fermées de
toutes parts : on y pratique seulement une très-
petite porte, ou un trou placé à la partie inférieure.

On appelle nouveaux essaims, une quantité de mouches qui abandonnent leur ancienne habitation, où elles étaient en trop grand nombre, et qui, sous la conduite d'une de leurs femelles qu'on appelle reine, vont ailleurs en chercher une autre. Cette émigration a lieu à la fin du printemps.

Le moyen le plus sûr d'arrêter ces essaims, n'est pas de faire du bruit, comme on le croit communément, mais de leur jeter du sable ou de l'eau, et alors l'essaim fugitif suspend son vol et s'abat sur quelques branches d'un arbre voisin.

Alors on les fait entrer dans une ruche telle qu'on l'a décrite, mais frottée de miel, et, au bout de quinze jours, on trouve plus de cire dans cette ruche que dans tout le reste de l'année.

Les abeilles composent leur miel le plus fin dans les lieux où se trouvent des prairies toujours en fleurs, des ruisseaux, des bosquets, des champs semés en blé noir, en trèfle, colza, etc.

Les fleurs des choux, des roquettes, des vesces, des fèves, des raves, du sénevé sont recherchées de ces insectes ; les saules, l'olivier sauvage, le groseillier, le romarin, le bouleau, le jonc marin, les pois, le safran, la ronce, le cerisier, le tournesol, le châtaignier, l'érable, le frêne, le peuplier, etc., offrent aussi un aliment agréable aux abeilles, et conséquemment aident par leur tribut au produit de la cire et du miel.

Il est nécessaire de proportionner le nombre des abeilles au campement que le terrain peut offrir.

Toutes les ruches qu'on y mettrait de plus nuiraient infailliblement à la valeur des autres.

On peut transporter les ruches des abeilles d'un lieu à un autre, c'est-à-dire d'un lieu où les foins sont coupés et les fleurs passées, dans un autre où la saison soit plus tardive. On les transporte d'un pré à un autre, où cela convient.

Quoique ces insectes soient armés par la nature pour la défense de leur miel et de leur cire, on peut, sans être cruel envers eux ou les tuer, trouver le moyen de leur ravir la récolte de ces deux objets. On chasse, avec de la fumée, les abeilles de leur ruche, et on les fait entrer dans une autre, où on les retient prisonnières jusqu'à ce que la première soit dépouillée des gâteaux et du miel ; on y laisse seulement les gâteaux qui contiennent les œufs, et on y fait rentrer les abeilles, qui se remettent aussitôt à l'ouvrage.

Au 1er septembre, et dans les endroits où les fleurs sont abondantes et durent longtemps, on peut faire deux récoltes, une en juillet après qu'elles ont essaimé, et l'autre en septembre.

Pour que les abeilles puissent se nourrir en hiver, on doit avoir la précaution, ou de leur laisser environ deux livres de miel par chaque ruche, ou de leur en fournir en hiver selon leur besoin.

Un essaim nombreux et de deux ans peut donner environ deux ou trois livres de cire, et trente à quarante livres de miel, indépendamment d'un nouvel essaim, qu'on peut vendre, ou dont on peut former une nouvelle ruche.

Pour séparer le miel de la cire des gâteaux dans lesquels il est contenu, on renverse les gâteaux sur des baguettes croisées, et on les laisse ainsi pour en faire écouler le miel, qu'on appelle miel vierge ; on les met ensuite sous une presse, pour en exprimer tout ce qui reste. Si, en rompant les gâteaux, on y répand des fleurs de romarin, le miel contracte un goût de miel de Narbonne ; on donne aussi à la cire une plus belle couleur si, au moment où elle écume, on fait bouillir avec elle de la paille ou du blé de Turquie.

Toutes les saisons sont bonnes pour celui qui veut acheter des ruches, mais le printemps est préférable ; car alors une ruche n'a plus à redouter le froid de l'hiver, et les abeilles n'exigent plus de sacrifice, par la facilité qu'elles ont de trouver dans les champs une nourriture abondante.

Pour avoir du prix, une ruche doit être populeuse, munie de provisions. De plus, elle doit avoir une bonne reine.

On peut juger qu'une ruche est bien organisée, lorsqu'on en voit sortir des abeilles en troupes nombreuses et que leur vol est rapide, gai et direct. Bientôt les abeilles rentrent dans leur habitation, chargées de butin.

C'est à leurs formes extérieures qu'on reconnaît aussi la valeur des abeilles et de leurs produits : la grosseur dans le corps et un léger développement dans les membres sont un signe certain que la cire est jaune ; une cuirasse unie et luisante sur l'insecte annonce une ruche abondante.

On peut également reconnaître la bonté des abeilles, si, en soufflant légèrement à travers l'ouverture d'une ruche, on leur voit faire un mouvement comme pour menacer le visage. Elles sont alors courageuses et bien portantes.

Pour transporter une ruche, il faut prendre le soin de la boucher avec des chiffons et de la terre glaise, pour que les abeilles ne trouvent point une issue de fuite par les fentes qui pourraient s'y trouver. Elle se place ensuite la tête en bas sur la locomotive qui doit la transporter; et, une fois arrivée dans une nouvelle contrée, elle se retourne. Aussitôt après, on rend la liberté aux abeilles, pour qu'elles puissent se familiariser promptement avec les lieux dont elles prennent possession.

Quant à l'intérieur d'une ruche, il faut y maintenir une excessive propreté; c'est l'amorce la plus sûre pour y fixer les abeilles, qui s'éloigneraient bientôt d'une habitation négligée ou malsaine. Il est bon aussi de l'arroser avec de l'eau miellée.

Malgré le maintien d'une rigoureuse propreté dans la ruche, il arrive qu'un essaim veut l'abandonner.

Comme il redoute pour le voyage un temps sombre, frais et venteux, au moyen d'une petite pompe en fer-blanc ou en cuivre,

on pourra facilement les retenir prisonnières;
à l'aide de cette pompe, dont le trou doit être
fort petit, on simule une pluie fine, qui, attei-
gnant les abeilles, les fait renoncer à un voyage
périlleux. Il arrive aussi parfois que, dans
l'intérêt des soins qu'exige une ruche, on est
forcé de tempérer la trop vive ardeur des
abeilles; on y réussit en employant la fumée
de chiffons ou de bouse de vache, dont l'action
est étourdissante. Nous avons indiqué les moyens
qu'on doit employer pour faire capture d'un
essaim fugitif. Quand il voyage par un beau
jour, le peu de stations qu'il fait sur chaque
branche où il se repose offre de la difficulté à
le saisir. Souvent aussi, il vole trop haut; mais,
au moyen d'un aspersion, on le contraint à
descendre et à se fixer quelque part. Cette
pluie factice doit s'élever plus haut que l'essaim
et tomber sur lui légèrement; alors il s'abat
et entre sans difficulté dans la ruche vide préparée pour le recevoir. Après quelques instants,
il s'apaise, et la ruche, placée sur son plateau,
peut sans retard occuper le lieu qu'on lui
destine.

Souvent l'essaim s'attache à une branche
d'arbre, en forme de grappe. Si l'on parvient à

la saisir, on la coupe avec précaution, et on la secoue ensuite devant la ruche, où les abeilles ne tardent pas à entrer.

Lorsqu'un essaim s'abat naturellement sur la terre, à l'aspect d'une ruche, on le voit s'y introduire de lui-même et sans le moindre effort.

Comme il est presque impossible que celui qui se livre à l'éducation des abeilles ne soit pas quelquefois exposé à leurs piqûres, un moyen facile de les éviter, c'est de se couvrir le visage. Lorsqu'une abeille vous poursuit, si on a été atteint, un léger mélange de *camphre et de céruse* fera promptement disparaître l'enflure.

Parmi les maladies qui les frappent, la plus fréquente et la plus dangereuse, c'est la dyssenterie, provenant d'une nourriture trop abondante. Elle se reconnaît aux excréments rougeâtres et bruns, et d'une odeur puante, dont les abeilles malades chargent les rayons. De bon vin vieux, mêlé à un miel pur, leur rendra facilement leur première vigueur.

Malgré la sagesse et l'industrie de leur petite république, les abeilles ont plusieurs ennemis à combattre. On empêchera les crapauds de les

happer, en établissant la ruche au moins à un
pied au-dessus du sol ; on les protége des arai-
gnées en balayant leurs toiles autour du rucher.
Quant aux fourmis, on répand dans leur four-
milière de l'eau bouillante ou de l'urine fraîche.

Les guêpes aussi livrent de rudes assauts aux
abeilles. Il est facile de les faire noyer dans une
bouteille en verre, contenant une certaine quantité d'eau miellée. Des souricières sont le moyen
le plus simple et le plus sûr pour détruire les
souris qui poursuivent les abeilles. On ne saurait appliquer trop de soins pour garantir
ces insectes des accidents que nous venons de
signaler, et nous devons trop à leur généreuse
industrie pour ne pas les protéger contre des
maux nuisibles à la quantité et à la qualité des
produits que nous en retirons.

SOINS A DONNER AUX ABEILLES PENDANT CHAQUE MOIS DE L'ANNÉE.

En janvier, nourrir les faibles, éloigner les
ennemis, surtout garantir du froid, de la pluie,
tenant la ruche bien fermée et bien couverte.

En février, mêmes soins ; parfumer d'herbes fortes, prendre garde à la dyssenterie, nettoyer les ruches.

En mars, mêmes soins ; elles ont moins froid, mais elles sont plus sujettes au flux de ventre ; ainsi, bonne nourriture et bons remèdes.

Enlever les morts ; planter aux environs des ruches des plantes favorables, écarter les nuisibles, tenant tout bien net. On met à leur proximité des augets pleins d'eau, avec des brins de paille.

En avril, continuer à les nourrir un peu et les défendre contre le pillage, la dyssenterie et l'humidité, et, sur la fin de ce mois, se préparer à courir les essaims.

En mai, veiller aux essaims, les arrêter et les placer ; nettoyer les ruches vieilles et nouvelles ; empêcher le pillage ; hausser les ruches, ce qui sera expliqué ci-après, tant à l'article des hausses qu'à la récolte du miel.

En juin, mêmes soins ; surveiller la sécheresse, les vers, les papillons et autres ennemis du miel et de la cire, dès la fin de ce mois.

En juillet, continuer à préserver les mouches de la sécheresse et des insectes ; faire la guerre aux bourdons et aux guêpes, et, s'il y a quel-

que ruche qui n'ait pas jeté, on l'empêche de
le faire, soit en tuant les reines superflues, si
on le peut, soit en haussant les ruches.

En août, mêmes soins, et, sur la fin de ce
mois, veiller de nouveau au pillage, aux souris,
aux pluies et aux vents.

En septembre, mêmes soins; c'est aussi le
temps où l'on achète des ruches et où l'on se
défait des mouches qu'on veut détruire. On
nettoie les ruches.

En octobre, on veille au pillage et aux guêpes;
on transporte les ruches; on les scelle sur le
siége, après les avoir nettoyées, et on les tient
propres, couvertes et chaudes, pour les garantir
de la pluie, du vent et du froid.

En novembre et décembre, mêmes soins, et
redoubler son attention pour garantir les mouches des rigueurs de la saison; les nourrir et
mettre la petite grille devant la porte.

MOYENS DE GARANTIR LES ABEILLES CONTRE LES RIGUEURS DE L'HIVER.

Après avoir rétréci les passages des ruches et bouché leurs autres ouvertures, on peut les laisser pour l'hiver dans la place qu'elles occupaient pour l'été ; le froid le plus rigoureux ne pourra leur nuire, pourvu qu'elles soient populeuses et qu'elles ne manquent pas d'air ou de nourriture. Il serait néanmoins encore plus prudent de les transporter dans une chambre propre et bien aérée, ou de les placer tout près les unes des autres, dans la partie postérieure du rucher, lorsqu'il est spacieux ; de les couvrir avec des nattes ou de la paille, et de fermer le devant du rucher avec des paillassons ou des planches disposées de manière à pouvoir être facilement enlevées, et à ne pas empêcher de visiter les ruches par devant comme par derrière.

Avant de prendre ces précautions, il faut examiner toutes les ruches. Celles qui sont faibles, sous le rapport de la population et du miel qu'elles possèdent, et qui ne paraissent pas pouvoir subsister pendant la mauvaise saison, seront réunies à d'autres plus peuplées et mieux approvisionnées, ou recevront une quantité de nourriture suffisante pour tout l'hiver. Si l'on trouve sur le plateau des parcelles de cire, des abeilles mortes ou des ordures, on lui en substituera un autre nettoyé avec soin. Pour garantir les ruches contre les souris, on fermera les passages, après les avoir rétrécis, avec de petits grillages à travers lesquels ces animaux ne pourront pas pénétrer, mais qui laisseront passer les abeilles ; on placera, en outre, de bonnes souricières dans le rucher.

On doit, pendant tout l'hiver, visiter les ruches avec attention, en évitant de les inquiéter par le bruit ou de toute autre manière. Lorsque la température s'adoucit, il faut, pour donner plus d'air à la ruche, substituer à une des vitres un châssis garni de fil. On continue ainsi jusqu'au printemps, et alors les opérations recommencent dans l'ordre indiqué par cet ouvrage.

RÉCOLTE DU MIEL ET DE LA CIRE.

On ne dépouille ordinairement les ruches que quand les abeilles n'ont plus rien à faire, et qu'on trouve les paniers pleins.

Lorsqu'on veut tirer le miel, on lève le couvercle, on bouche le trou qui est au bas de la ruche, on fait de la fumée pour chasser les mouches vers la partie supérieure et avoir, par ce moyen, le temps de faire la récolte du miel, qu'on tire entièrement ou en partie, selon qu'on le juge à propos ; cela fait, on raccommode la ruche comme elle était auparavant, puis on l'expose au midi, et la chaleur excite les abeilles à recommencer leur ouvrage.

On met les rayons de miel, qu'on a enlevés avec un couteau, dans des tamis, pour qu'il coule dans des vaisseaux placés au-dessous. Après cet égouttement, on réunit le marc dans un grand vaisseau percé dans sa partie inférieure ; au bout de trente-six heures, on le débouche, et le miel tombe dans les vases préparés pour le recevoir. On les couvre dès qu'ils sont pleins, et on les tient dans un lieu frais et non humide.

Il ne faut pas tarder à purifier la cire, autrement il s'y établit une fermentation putride où les insectes déposent leurs œufs ; les vers qui en proviennent la mangent, et ne laissent à sa place que des ordures.

On émiette la cire dans un chaudron bien nettoyé, on verse de l'eau par-dessus, et on la fait cuire jusqu'à ce qu'elle soit entièrement fondue et surmontée d'une écume jaune. Pour l'empêcher de monter, il faut la remuer continuellement et y verser de temps en temps un peu d'eau froide. Ensuite, on en prend la quantité nécessaire pour une pressée.

La presse doit être échauffée avec de l'eau bouillante, ainsi que le canevas sur lequel on verse la cire fondue.

Pour une petite quantité de cire, il suffit d'avoir une presse à main, dont la forme est absolument indifférente. Mais, avec cette machine, on ne peut pas extraire d'une seule fois toute la cire, et il faut faire cuire le marc pour le presser une seconde fois. Pour une quantité plus considérable de cire brute, il faut avoir une presse plus grande, construite en bois dur, à peu près semblable à celles dont se servent les savonniers, avec un seau d'une contenance

18.

suffisante et une forte vis ; on peut alors extraire la cire d'une seule fois.

Si le prix en était trop élevé pour un seul apiculteur, plusieurs pourraient se réunir pour se la procurer à frais communs.

DE LA CIRE VÉGÉTALE EXTRAITE DE CERTAINS ARBRES.

On recueille des bourgeons de peuplier, à l'époque où la matière visqueuse dont ils sont enduits est la plus abondante. On les pile dans un mortier, on les enveloppe d'un morceau de canevas, et on les met en presse. La substance qui en découle prend, en se refroidissant, la consistance d'une cire molle ; elle est d'une couleur jaune tirant sur le gris, mais on peut la blanchir comme la cire ordinaire : elle brûle bien et répand une odeur assez agréable.

Les bourgeons du marronnier peuvent être employés au même usage.

CONCLUSION.

—

M. de Dombasle a dit, et M. de Gasparin l'a répété : qu'un agriculteur expérimenté qui n'a été que praticien, n'a pas rendu à l'industrie agricole de son pays tous les services désirables, puisqu'il emporte avec lui, en mourant, toutes les connaissances acquises pendant le cours de sa laborieuse carrière. Aussi, ces Messieurs ont-ils, les premiers, rendu d'immences services à la France par leurs bons écrits, en inspirant à la bourgeoisie du siècle ce goût très-prononcé pour l'agriculture progressive. Honneur leur soit rendu !

Seulement, M. de Dombasle, sur une terre qui n'était pas sienne, ne fumait pas assez ; il ne produisait à Roville que 20 à 25,000 kilo-

grammes au plus de betteraves à l'hectare.
C'était aller à côté.

M. de Gasparin, au contraire, sur son domaine privé, fumait énormément et en récoltait
jusqu'à 200,000 kilogrammes. En froment,
combien? Plus de 40 hectolitres peut-être? Progrès exorbitant, admirable de richesse; résultat
très-certain de l'amendement des terres.

(*Écho Agricole*, du 13 mai 1866.)

C'est donc dans ce sens que je me suis moi-
même avisé de faire imprimer mon système de
culture *intensive*, à produire, à force d'engrais,
deux et jusqu'à trois récoltes par an en fourrages cultivés ; le moins trois récoltes en deux
ans, y compris les années de trèfle et ray-grass,
qui reposent les terres. Beaucoup d'autres, dans
cette région de l'Ouest, plus capables que moi,
devraient en faire autant, afin de vulgariser et
localiser les bonnes méthodes inhérentes au
sol.

Aujourd'hui surtout, les E. Le Couteux, les Bar-
ral, les V. Borie et les L. de la Vergne, à Paris ;
les Rieffel et les Bodin, en Bretagne, et tant
d'autres, tous hommes du premier mérite, dévoués
au progrès et très-dignes successeurs des Gaspa-

rin et des Dombasle, nous fournissent d'excellents enseignements ; c'est donc à nous d'en profiter. Avec ces précieuses ressources, le travail, l'ordre et l'économie rurale, rien, absolument rien ne peut arrêter, si ce n'est le manque d'aisance.

Eh bien ! dans ce moment-ci, le Gouvernement, dans sa sollicitude, s'occupe très-sérieusement à créer un Crédit Agricole Mobilier, à l'instar de l'Industrie et du Commerce, qui ne coûtera que 5 centimes par 100 francs et l'intérêt d'usage, à cause de la modification des articles 2102 et 2108 du Code Napoléon.. Des enquêtes à ce sujet vont avoir lieu. C'est précisément ce qu'on demandait. C'est ainsi que tous les cultivateurs solvables pourront emprunter de modiques sommes, sur billets seulement et sans hypothèques, conformément aux us du commerce, soit chez les notaires, les propriétaires ou chez tous ceux enfin qui auront des écus à dormir, ou encore sur hypothèque par grosses sommes et à long terme.

En effet, M. Le Couteux l'a dit : Plus de rivalité entre le commerce et l'agriculture ; solidarité, solidarité complète entre la ville et la campagne.

C'est à l'agriculteur à produire sans cesse les denrées et les matières premières, à l'industriel à les rendre marchandes, et au commerçant à les livrer à la consommation ou à l'étranger.

Mais surtout imitons franchement M. de Gasparin, notre grand maître, dans l'amendement des terres ; car c'est là, avec le travail et l'intelligence, bien entendu, qu'on trouvera aux champs la *pierre philosophale*. On s'en trouvera bien ; je m'en suis bien trouvé, surtout des plantations en clôtures. L'agriculture, si facile en apparence, est très-difficile en réalité, car on apprend toujours...

Si, en commençant, j'avais su ce que trente années d'expérience m'ont appris, sans doute j'aurais fait moins de faute, et j'aurais été loin en agriculture ; mais la vie de l'homme est si courte !...

Enfin, dans ce Manuel portatif, et essentiellement pratique, on trouvera, j'espère, tout ce qui est le plus utile à l'homme des champs.

TABLE.

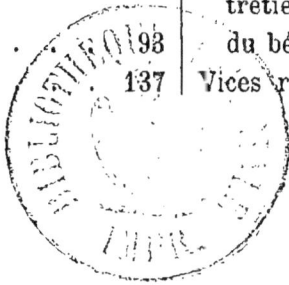

www.ingramcontent.com/pod-product-compliance
Lightning Source LLC
Chambersburg PA
CBHW070243200326
41518CB00010B/1664